猴面包树

LA

Michelle Larivey

Comment distinguer les vraies des fausses

PUISSANCE

情绪的 81 张面孔

 DES

［法］米歇尔·拉里韦　著　　郑园园　译

ÉMOTIONS

上海三联书店

推荐序

我在 20 世纪 70 年代初认识了米歇尔·拉里韦 (Michelle Larivey)，那时，她和让·加尔诺 (Jean Garneau) 一起在培训学院工作。当时在魁北克，他们的团队是人本主义心理学的灯塔。我作为儿童精神病领域的社工和家庭治疗师，在工作了 12 年之后，感到需要充电，就来到了培训学院，进行历时 3 年的学习和工作。

正是在这期间，与米歇尔·拉里韦和让·加尔诺的接触，让我学会了如何驯服我的情绪世界，我也逐渐认识到了情绪对于我内心的平衡是多么有价值、多么有用、多么重要！在他们身边做教学工作，再加上自己的个人经历，我才发现我们所感受到的情绪对于每个人来说都是生命力之源。压抑情绪，拒绝情绪，或不接受情绪，可能会减少生命向我们敞开的可能性，也有可能导致精神疾病、生理疾病，或暴力行为。

这个时期，于我而言，是个人获得自由的开始，也是内心用不同的姿态面对情绪世界的开始。自此，我意识到人总是处在一个持续改变的过程中。我跨越了重要的一步，也确信这一步深深地影响了如今作为精神分析师的我的从业方式。一直以来，我都非常感激米歇尔·拉里韦和让·加尔诺。所以当米歇尔·拉里韦邀请我为她的新书《情绪的 81 张面孔》写一些介绍性的文字时，我怀着感激和愉快的心情，欣然接受了。

米歇尔·拉里韦的特点之一就是非常重视那些来找她的人，并分享她所拥有的知识，提供给他们个人成长所需要的工具。我甚至敢说，她通过所有的文字类作品，努力地带领大家了解心理咨询师的世界和心理治疗领域，而这个世界，一般是不对公众开放的。很少有心理健康领域的专家专门给那些不属于心理领域的人、外行人、正在进行心理咨询的人、应该去进行心理咨询的人或可能永远不会去进行心理咨询的人写一写情绪世界，而用一种严谨且易于理解的方式来写的人就更少了。米歇尔·拉里韦认为一个人如果拥有所需的工具，他就可以完成一大部分自己的心理成长工作。这就是为什么她要写这样一本书。我相信大部分精神分析师在开始分析工作之前，会先驯服自己的内心世界。在我看来，如果他们从一开始就知道思想、感觉和行动之间的区别，并尽可能多地知道如何区分内心世界和外部世界，那么他们在沙发上[1]浪费的时间就会少一些。这样，他们原本对于自身未知领域的恐惧，一部分可能会转变成好奇心，好奇自己的潜意识将如何表现。给外行人写与心理相关的内容，极其困难。的确，如何用简单却非简化的词句来解释情绪世界的复杂性？如何做到不会

1　指心理分析工作。——译者注

让人认为不去进行专业治疗，自己也可以做到一切？在我看来，米歇尔·拉里韦在《情绪的81张面孔》这本书里成功地回答了这两个问题。

在米歇尔·拉里韦与让·加尔诺合著的《自我成长》(*L'Auto-développement*) 一书中，他们真诚地跟读者分享知识，让每个读者都能拥有发现自己的内心、跟随自己内心发展的过程。此后，她出版的《情绪，生命的源头》(*Les Émotions source de vie*) 谈论到了情绪世界。现在，《情绪的81张面孔》这本书则表达出她希望通过书本进行教育的意愿。在书中，她尽可能严谨地区分了情绪类别，指出人们对于情绪的误解——有时候我们把非情绪当作情绪，并教我们区分防御性态度背后被掩埋、被压抑、令人感到害怕的情绪。在本书中探险的读者必将收获颇丰，变得更加认识自己。他会在这本书里找到自己，找到自己的故事，故事里充满了翻转的情节和待发现的秘密。总之，读者会进入一场有趣、充满沉浸感、心潮澎湃的旅行中。

米歇尔·拉里韦慷慨地分享她的知识，成功地让每个人都可以轻松地、兴奋地进入这个丰富却复杂的世界，同时也不会让人觉得这本书对于个人的"指导"可以代替心理治疗。

精神分析师、家庭治疗师、国家认证社会工作者
雅克利娜·尚帕涅·普吕多姆（Jacqueline C. Prud'homme）

目录

第二章

情绪过程 /044

这个完整过程是一个循环，而且会不断循环下去。只要我们活着，所有的情绪发展都需要经历这个过程，因为我们的情绪体验是持续不断的，就像我们的身体感受一样。

第三章

单一情绪 /062

人和动物要生存下去，就应该在生理和心理各方面满足维持生命体征和成长的需要。在心理层面，情绪负责提醒我们自己的需求是否被满足，以及被满足到了什么程度。

第四章

复合情绪 /108

复合情绪看起来很像一种情绪，但通常是多种情绪的混合或我们用于掩饰真正的感受所使用的"伪装"。这样的掩饰有时非常有效，连我们自己都会被骗。与我们打交道的人除非经验非常丰富，否则很容易被我们欺骗。

第五章

反情绪 /166

如果我们希望脱离困境，重新连于情绪本身，那么解读本书中提到的所有这些症状就显得非常重要了。如果没有这一步，我们会在不同的症状中停滞不前，而大多数时候，这些症状带来的痛苦远比直面情绪本身要痛苦得多。

第六章
伪情绪 /238

我们经常把情绪与情绪所关联的处境，或者事实陈述、形象化的比喻、隐喻或评价相混淆。我们有时也会把心态或态度当作情绪。

引言

我们知道心理问题通常源自人的情感经历，且表现为情绪过程的紊乱。例如，患有精神分裂症的人的情绪是完全被压抑的；精神错乱、出现幻觉的人承受着一般人无法承受的焦虑；强迫性思维和强迫性行为的机制就是回避感受，某些人的回避倾向非常强，而且一直在持续，他们的生活完全被打乱了。但他们不会说自己在逃避情绪，因为他们感受到了焦虑、内疚、痛苦、灰心。而事实上，焦虑和内疚就像许多情绪体验一样，并非情绪，只是压抑情绪的结果。

对于我们大部分人来说，忽略情绪不会造成非常严重的后果，但会影响我们的生活质量。如今，越来越多的人发现自己曾经有过以下心理症状：压力过大、焦虑、身心失调、抑郁、职业倦怠、太多情绪累积导致的情绪衰竭、惊恐发作、恐惧症。我们称这些为世纪病，它们的共同之处就是都源于难以避免的压力。压力不是情绪，是外在的要求强加于我们的情绪所造成的重压。所以我们需要做的不是消除压力，而是连于情绪，使用情绪释放出来的信息并通过在意自己的需求来应对压力。我们的生活质量在很大程度上取决于我们是否有这么做的能力。

毫无疑问，在精神科专家的眼中，压力干扰情绪的过程是心理问题的症结所在。涉及情绪对人体作用的知识在普通民众中还不够普及，所以人们整体的生活质量并未提高。这些情况非常真实，所以我们经常在医生的建议下 (有时甚至是不情愿地) 使用药物来应对情绪上的不畅，让症状消失。这样一来，抗抑郁剂被用来消除生存的痛苦、抑郁、悲伤，甚至惊恐发作和恐惧症；安定剂被用来减轻焦虑和忧虑的症状；巴比妥类药物被用于治疗失眠 (只是失眠说明有其他潜在问题)。这是一个越来越普遍的趋势。在当今时代，只要看看电视广告，我们就会以为抗抑郁剂很流行，值得尝试还不用付出任何代价。这就是找到或重新找回生活喜悦的现代方法！

　　情绪可以指导我们行动，但是我们未意识到情绪是必不可少的，也未意识到在我们视而不见的时候，占据我们、充满我们内心的情绪其实是我们的"自我实现倾向"在呼喊着 (有时是呐喊着) 的信息。"自我实现倾向"是马斯洛[1]所描述的生命力，只要我们活着，这样的倾向就会推动我们最大化地实现生命。此外，我们对情绪过程知之甚少，还不知道如何进行干预才能让这个过程进行得更顺利。简而言之，大多数人不知道如何使用情绪，让它们成为我们生命中的财富。

1　Abraham H.MASLOW, *Motivation and personality*, New York, Harvard, 1954. Jean GARNEAU et Michelle LARIVEY, «Une théorie du vivant », http://redpsy.com/infopsy/vivant.html.

　　我们从家庭和文化中学习到关于情绪的一切：原是家庭和文化的问题，我们归结到自己身上；原是家庭和文化的偏见，我们继承了过来。我们在学校花大量的时间学习与生活有关的所有知识，但其中甚少有与情绪相关的知识。

　　此外，为了有效地使用情绪，我们需要区分真正的情绪体验和非情绪体验。举个例子，"试着去感受自己的焦虑"这样的说法不对，因为焦虑不是一种情绪，这样做只会引起更大的焦虑，不会有任何结果。去感受内疚也没什么意义，因为内疚由各种不同的情绪组成，我们必须连于这些情绪，才有可能在内心深处让其发展变化。

　　作为一名心理咨询师，我不断看到这样的"死胡同"，开始希望能够更深刻地理解情绪。在过去的 25 年里，我的临床经验，加上精神分析、格式塔（Gestalt）和生物能量分析的影响，让我在这方面的思考更深入；除此之外，若我没有学会尤金·T. 简德林[2]（Eugene T. Gendlin）的"体会"，就不可能写下这本书。尤金·T. 简德林是卡尔·罗杰斯（Carl Rogers）的弟子，也是第一个在心理治疗中引入情绪过程这个概念的人，而我对情绪过程特别感兴趣。正是掌握了体会，我

2　Eugene T. GENDLIN. *Le focusing*, Montréal, Le Jour éditeur et Actualisation, 1992.

才能抓住情绪体验的某些维度和体验的微妙差异之处。

我还要感谢我的同行们，与他们的讨论，以及在"发展资源"（我与让·加尔诺一起创立的机构的名称）向心理治疗实习生开放的许多培训工坊，让我更深入、更准确地了解情绪的现象。这本书稿经过无数次修改、打磨，最终才得以出版。本书中的部分内容最初自 1997 年 9 月开始在电子期刊《心理学家的信》（La letter du psy）上分期发表，读者回馈的内容非常实用；还有部分内容来自我们自己的网站上浏览量第二高的版块——"情绪指南"。此外，许多读者都提到这些内容带给他们很多帮助。所有这些都极大地增强了我将本书出版的信心。以下节选一些此书的评论，这些评论让我备受鼓舞。

1. 谢谢！多亏了您，我现在能够识别自己的情绪了，并且越来越能坚持做最真实的自己！

2. 一天晚上，我在网上输入了"伤心"这个关键词，然后就看到了您的网站，从此，我就再也离不开您的网站了。多亏了您，我在两天内把杂乱无章的情绪进行了一次特殊的清理，现在我终于可以看清自己了！特别感谢您对情绪所做的分类。您的文章内容丰富、简单明了，同时也非常有用！情绪表露的是需求，这非常重要！天哪，确实如此！情绪有自己的生命循环，我之前怎么没有想到！要避开负面情绪的陷阱并不容易，但我敢跟自己打赌，我再也不会把自己的情绪当作入侵者了。

3. 我能感受得到您做这些是希望每个人都能更有尊严、更好地认识自己，从而更多地掌握自己的生命权利。

4. 我现在明白了自己的情绪所扮演的角色！对我来说，这实在是一个了不起的发现！

5. 在我看来，您揭开了情绪领域神秘的面纱，普及了这些内容，却没有简化信息。您做到了，真令人敬佩！

收到这些反馈对于一个作者而言实在太宝贵了！我真心感激读者们的评论、批评和推荐。更深入的情绪研究需要一直持续下去，也需要更多人参与进来。

米歇尔·拉里韦

第一章

情绪类别

情绪的价值无法估量！我们越能够感受到情绪，在情感层面越能够得到滋养。我们就是通过自己和他人在情绪上的表达来滋养自己的，因为从某种程度上来说，我们通过感受来"吸收养分"。

在我们的生命中，情绪是必不可少的。它们像一个向导，满足我们作为人类的需求。我们有各种各样的情绪体验，有些是来自情绪的压抑感，有些是为了防止我们感受到真实的情绪，我们稍后会提到的某些复合情绪就是如此。

对于极其重视情绪的心理治疗师，以及那些对自己的情绪和心理发展感兴趣的人而言，非常有必要区分这些情绪，因为唯有如此才能更好地利用情绪所提供的信息。

本章将介绍情绪体验的类别。对情绪体验进行分类最主要的目的是区分真实的和非真实的情绪[1]。在进入正题之前，我们需要区分一下感情、情绪与情绪体验的不同。

感情、情绪和情绪体验

感情和情绪是不一样的。感情是类似于情绪状态的情绪体验，例如温情、深情、怨恨。与情绪不同的是，感情不会伴随着多重、强烈的身体感受。即使感情非常强烈，它也不具备情绪所拥有的压倒性的特征。只有仔细聆听自己的声音才能意识并体会到自己的感情，感情

1　以下三本书用与本书相同的视角来探讨情绪的功能，以及情绪被忽略或情绪体会不完全而产生的问题：Jean GARNEAU, Michelle LARIVEY, *Savoir ressentir* (programme d'autodével-oppement), Montréal, Red éditeur, 1994, 2001; Jean GARNEAU, Michelle LARIVEY, Gaétane LA PLANTE, *Les Émotions source de vie*, coll. La lettre du psy, Montréal, Red éditeur, 2000 ; Jean GARNEAU, Michelle LARIVEY *et al., L'Enfer de la fuite* (à paraître), Montréal, Red éditeur, 2002.

的特征就是细腻、微妙。当我们说一个人感情丰富，说的就是他容易动感情、被感动、被感染，容易注意到情绪的微妙变化。

相反，情绪指的是内心在当下的反应，它的特征就是强烈。情绪是短暂的，而感情是持久的。情绪总是带来或强烈或微弱的生理反应，痛苦、生气、愤怒、恐惧就是这样。情绪产生了，有时压倒性地占据了我们的内心，这与感情不同——就算是非常强烈的感情，也是令人较难察觉地进驻我们的内心。

为了避免措辞重复，这两个术语在本书中几乎可以互换使用。这样做并无不妥，因为感情和情绪在身体中的作用相同。为了理解自己的体验，我们也用同样的方式连于二者。

至于"情绪体验"这个概念，在本书中代表以下几件事。体验这个词源自拉丁语"experiencia"，意思是"尝试"，指的是所经历过的、所体会到的和所感受到的一切。因此，"情绪体验"有时指的是情绪本身（如伤心）；有时指的是扩散性的心理体验和预示着情绪发生或由情绪带来的各种各样的身体感受（如焦虑）；有时指的是已发生的情绪和整体的身体感受，这种整体体验由思想活动引起，可能会带来一些想法（如惊恐）。所以，"体验"这个词并不等同于尤金·T. 简德林所说的"体会"[2]，体验指的是"体会"这个过程的结果。"即刻体验"与格式塔中的用法相同，指的是进行中的体验，即在每一个持续的当下不断变化着的体验。最后，"自我集中"指的是为了接受并进入即刻体验中，我们需要小心、主动地集中自己的注意力。

在本书中，每种情绪中所提到的情绪过程指的都是"情绪的自然发展过程[3]"，目前这个过程有了另一个名字——情绪适应的必要过程[4]。我们将在第二章中简要地描述这个过程。

本书所描述的情绪体验并非绝对的真理，因为关于情绪的经历是非常复杂且多维的。一些关注自己情绪体验的读者可能会发现自己的经历跟本书的描述有很大的差别，如果你们发现自己的经验和这本书的描述互相矛盾，那么你们更应该相信自己的经验，而不是努力向书本内容靠拢。

2　Eugene T. GENDLIN, *Experiencing And The Creation Of Meaning*, New York, Free Press, 1962.

3　Jean GARNEAU, Michelle LARIVEY, *L'Auto-développement: psychothérapie dans la vie quotidienne*, Montréal, Red éditeur, 1979.

4　Jean GARNEAU, Michelle LARIVEY, « L'Auto-développement 20 ans après », *Revue québécoise de psychologie*, vol. 20, n° 1, 1999, pp. 65-96.

情绪的重要性

情绪正如身体的感受一样，与我们如影随形：

1.这些讨论让我觉得厌烦，我深爱的男人还在等着我一起用晚餐呢！很简单，我做了决定：离开会议现场，马上去他家！

2.我的孩子生病了，我很担心。虽然很累，但我还是照顾了他[5]一整夜，没有睡觉。

这两个示例就是根据情绪带来的信息所做的决定。

我们几乎很难察觉大多数情绪，因为它们与我们相安无事。只有当情绪让我们觉得困扰的时候，我们才开始抗议，并试着摆脱它们、掌控它们或人为地扭转它们。然而，不管情绪是否让我们感到困扰，它们始终扮演着同样的角色。这一点非常关键。

信息系统

情绪很重要的原因之一就是它们在心理层面引导我们，正如身体的感受能反映我们的生理状态一样。情绪让

5　在未区分性别的情况下，用"他"指代两性。

我们知道，所发生的事件"影响"了我们。情绪的强烈程度对应着事件对我们的影响程度。因此，情绪的强烈程度显示了事件对我们的重要程度。实际上，如果一个动作、一个事件影响了我们，我们的心里有一些反应，那就说明这个主题对于我们个人而言有特别的意义。也许，这样的影响对应的是我们的一个需求，不管这个需求是否重要，可以确定的一点是它重要到足以让我们有情绪反应。

我的老板宣布公司即将裁员，如果我刚好中了彩票的大奖，他的话对我不会有任何影响。但如果我没中奖，还刚买了房子，我当然会很焦虑。这种情况下，与安全感相关的平衡被打破，当下的情境正显出我对安全感的需求。

情绪所揭示的总是当下的需求，身体感受也是如此。身体感受是身体在这个当下所感受到的，提供给我们的关于目前状态的信息。每种身体感受都提供了独特的信息，让我们知道自己的身体和生理的需求。

1. 我看到人行道上有一个洞，我迈了很大一步才跨过去。
2. 我感受到背部有些不适，所以我调整了姿势。
3. 我的肚子咕咕叫，我知道我饿了。

4. 我感到自己失去了平衡，赶快手脚并用找回平衡。

正如我们的身体有各种各样的感官感受（视觉、听觉、嗅觉、味觉、触觉、动作）让我们感受到现实世界的方方面面，各种类型的情绪也能让我们感受到我们"存在"的多个层面。例如，伤心说明了情感上的缺失，急躁是对无意义处境的反应，愤怒则是因为在满足需求的时候遇到了障碍。

情绪有时是在我们与外界接触时产生的，有时也来自我们内心所发生的一切。有时，我们只要想一下就能引发情绪：

1. 回忆勾起了我的怀念之情。

2. 发现自己的行为不太合适之后，我很灰心。

3. 一想到我的朋友会生气，我就有点害怕。

4. 想到她会出现，我就很兴奋。

5. 我对于自己的一些幻想感到内疚。

6. 我责怪自己竟然会嫉妒自己的姐姐。

身体的反应也会引发情绪：

1. 牙疼让我很烦。

2. 我呼吸困难，这让我很慌乱。

3. 我的头很痛，这让我很沮丧。

4. 我的症状又出现了，我好害怕啊！

情绪并不总是那么容易处理。那些让人不愉快的情绪，通常被称为"负面情绪"。然而，就情绪的有效性而言，并没有正面情绪和负面情绪的区别。所有情绪都是好的、有用的，重点在于我们的态度，我们需要有能够解码情绪的态度。本书认为，阻碍自己去感受情绪或人为地转化情绪对我们毫无益处。为了保持心理状态的平衡，我们最好按着情绪原本的"设计"来接受它们，因为情绪是珍贵的工具，是为了向我们指明方向而存在的。我用以下例子来说明：

1. 我伤心极了。伤心再一次让我意识到生命中巨大的空虚。我知道我需要温情，甚至知道该做些什么来满足这个需要。

2. 烦躁不仅让我知道自己正在浪费时间，还让我明白此刻我的首要任务是什么。

3. 我在会议上听着两个同事的争辩，真的一点也不感兴趣，更何况我的一个任务的截止日期快到了，所以这时我需要做一个选择：要么继续坐着，要么离开这个会议现场。

4. 我接受自己的灰心，灰心让我意识到自己总是以这样的方式跟女孩子开始一段感情，而这样的方式完全行不通！所以我必须做出改变，虽然改变让我感到害怕（到目前为止我一直在回避改变），但只有去面对，事情才会有所转变。

5. 一想到朋友可能会拒绝我，我就感到痛苦，但这种感受也让我有机会去衡量这段关系对我有多重要。看来，我有必要告诉他，我是多么在意他。

沟通系统

我们常常对鲸类动物之间的交流方式感到震惊，但我们更应该对人类情感交流的广度和复杂度感到震惊！我们有数量惊人的词汇和短语去表达有着细微差别的各种喜悦和痛苦。关于情绪的词汇和其他一些表达情绪的方式也有助于让我们对别人"说出"自己的情感。

1. 这首音乐让我感动。

2. 我致力于向您呈现高质量的作品。

3. 我想签下这份合同。

4. 我的儿子，我为你感到骄傲。

5. 我很敬佩你的能力。

6. 你的支持对我来说很宝贵。

7. 我爱你，我会一直在你身边。

如果没有情绪，人与人之间的交流将非常苍白。

想象一下，我们对与我们有关系的人毫无感觉，那就太无聊了！

想象一下，书籍、艺术作品、电影、音乐无法引发我们的任何情绪，那就太空虚了！

想象一下，在一段爱情里没有情绪，那显然就不是恋爱关系了！

情绪让我们与他人的关系变得丰满。因此，情绪的价值无法估量！我们越能够感受到情绪，在情感层面就越能够得到滋养。我们就是通过自己和他人在情绪上的表达来滋养自己的，因为从某种程度上来说，我们通过感受来"吸收养分"。我们越能够表达和外化自己的情绪，我们身边的人就越能够从与我们的关系中得到滋养。而且，由于我们让他们进入我们的内心世界，我们跟他们之间的交流就显得更加重要了，因为我们所经历的跟他们也有关系。

四种情绪体验

本书把情绪体验分为四类。第一类就是我们平常所说的情绪，即单一情绪。它们的组成单一，我们很容易感受到。它们是我们最先感受到、最容易处理好的[6]。

第二类是复合情绪。复合情绪既包含单一情绪，通常还包含其他需要我们识别的东西。我们必须把情绪体验拆解成最容易表达的形式，才能找到其中主要的情绪，去感受它们。

第三类是反情绪或情绪阻抗的表达。反情绪是一些通常由我们的肢体控制，由于情绪过程被阻碍而产生的现象。面对这些反情绪的躯体表达，我们需要做的是识别被压制、被压抑的情绪或表达。

第四类是伪情绪。伪情绪指的是那些表面上看起来是情绪、事实上并非情绪的各种体验。如果我们想彻底地了解自己的情绪体验，让我们的内在成长，就需要用情绪"翻译"这些伪情绪体验。

单一情绪

单一情绪分为两大类：正面情绪和负面情绪。正面情

6　Jean GARNEAU, « La vie d'une émotion », *Les Émotions…, op. cit.*, pp. 49-69.

绪说明我们处于满足的状态，负面情绪则与之相反。这两大类情绪，每一类又包含三种小类别。

因为需求而产生的情绪，我们称之为"与需求相关的情绪"；负责带来满足或设置障碍的情绪是"源头或障碍引起的情绪"；由想象、非现实触发的情绪，我们称为"预见性情绪"。接下来，我们会对这三种情绪进行更加细致的区分。

情绪：满足或不满足的指标

无论是从生理角度还是心理角度来看，生命体总是处于不稳定的平衡状态，因为生命体的需求非常多。当所有的需求被满足的时候，生命体就处于一种平衡状态，一旦出现新的需求，平衡就被打破了。因此，从最小的野生植物到高级进化的人类，但凡想延续生命，其最重要的任务就是满足需求。生存下去、繁殖、把潜力最大化，是每个生命体的义务。小树需要水、矿物质和阳光才能存活下去，长成大树。它们需要吸收二氧化碳，合成氧气。它们还必须适应所生长的地方，在必要的时候绕开石头，向着阳光生长。

人和动物要生存下去，就应该在生理和心理各方面满足维持生命体征和成长的需要。很多生理需求都很急迫，如果忽略这些需求会带来严重的后果，所以我们很愿意去满足这些需求。举个例子，睡眠显然是必需的，没有合理的饮食，人类也无法活下去。在心理层面，情绪就是负责提醒我们自己的需求是否被满足，以及被满足到了什么程度。

我意识到自己需要与人接触，因为我感到非常孤独，突然想见到其他人。我如果去找一个本身有接触需求的朋友，很快就会发现自己的需求没有被满足。我开始不耐烦，为需要倾听他的需求而感到不耐烦。我的感受让我知道自己的需求，以及我所做的是否足以满足这个需求。事实上，我的不耐烦正说明了我没有找到合适的方式满足我的需求。

有时我们会遇到需求严重未被满足的情况，抑郁症就是如此。我们在面对这些情况时束手无策，并非因为我们不是专业的心理学专家，而是因为我们不够信赖感受到的情绪。不得不说，有时解码情绪非常困难，因为我们用来命名自己感受的词汇经常不符合实际情况，也不够精确。

所以，情绪的功能之一就是持续让我们知道需求被满足的程度。正面情绪意味着满足，负面情绪则意味着不满足。表达需求被满足的情绪有很多，从最简单的满意到欣喜若狂。在这两个极端之间还有很多情绪，包括愉悦、喜悦、狂喜、欢欣，每一种情绪的性质和强度都反映了不同的情绪体验，但每一种都是衡量满意度的指标。

还有另一系列的情绪表达的是不满足，从最简单的不满意到愤怒、痛苦。在这两个极端之间，还有无聊、伤心、失望、忧郁、生气等。这些情绪也一样在性质和强度上反映了不同的情绪体验，但每一种都在表达不满足的情绪。

情绪和需求

有些情绪直接表达了需求，如伤心、无聊、不耐烦、不快乐、灰心。例如以下这些情况：

1. 我的朋友刚刚讲了非常伤人的话，我非常伤心。我那么需要爱，可他经常这么粗暴地对待我，真让我受不了！

2. 这份工作简直无聊透顶！时间过得好慢，在这份工作中没一件有意思的事！

3. 这种讨论毫无意义，真让人恼火！我期待一个解决方案，却始终没有出现！

4. 我对于考试的结果感到不满意，没想到自己居然得了这样的分数。

5. 我实在受够了要承担所有人的问题！我做得太多了，已经超过了我的极限，这让我非常反感，也让我有一种完全无法再承受的感觉。

正面情绪也有对应的需求：

1. 我对于自己写的文章很满意。把一个很难的主题讲清楚，我做到了！

2. 我很幸福，这个人对我而言就像父亲一样，我对他的感情很深。

3. 做现在的工作，我感到欣喜若狂。

在这些情况中，感受让我们知道自己的需求被满足了。"我"用心写好了文章，"我"做到了；"我"需要感受到被爱，"我"的朋友满足了"我"的这个需求；"我"正在做的事情正是"我"所热爱的，"我"很喜欢这份工作！

只要去体会我们的感受，就能直接知道自己的需求。这点再清楚不过了，所以当我们的感受指向不满足时，我们很容易知道该采取什么样的补救措施：

1. 为了让自己不再伤心，我需要在这一段关系或另一段关系中让自己获得更多的"滋养"。

2. 只有在工作中开始新的挑战，我才能不再无聊。

3. 只有结束这场无意义的讨论，我才能不再恼火！

4. 对于这次考试的结果，我无能为力。我只有加倍努力，才能在下一次考试中获得让自己满意的结果。

5. 我只有停止做那些不适合自己的事情，才不会那么烦闷。

情绪：什么引发了情绪？什么阻碍了情绪？

有些情绪是对那些让我们满足的源头或妨碍我们满足的障碍的反应。让人满足的源头和妨碍人满足的障碍是一样的，可以是自己、另外一个人或法人 (机构、团体)。对那些让我们满足的源头，我们会产生喜欢、自豪、爱等一些正面情绪；对那些妨碍我们满足的障碍，我们则会产生不耐烦、愤怒、憎恨等负面情绪。

1. 我没赶上火车，心里埋怨那个无礼的人竟然上了我叫来的出租车，也埋怨自己居然就让他上去了。

2. 我太爱这个孩子了，他是我幸福的源泉之一，因为跟他在一起，我感觉自己非常有价值，而且被深爱着。

3. 我对于自己迄今为止所取得的成就感到满意。为了追求高品质生活，我知道自己非常努力并坚持到底。

4. 我对我丈夫的女同事感到非常生气，因为我丈夫似乎总是喜欢跟她在一起。我心里充满了怨恨，觉得她得为我们夫妻关系的恶化负责任。

源头或障碍引起的情绪同样也可以让我们知道自己的需求是什么，但这些信息不会在第一时间出现。所以，我们有时候可能找不到自己的需求，或花费很大力气才能找到满足的源头或去除障碍。若是如此，我们在满足自己需求的路上则有可能走错方向。

我觉得讨论毫无意义，因此很不耐烦。如果我的解决方法是指责别人乏味，那么我很可能无法让自己满足。如果我不是攻击妨碍我满足的障碍，而是引入一个我很在意的话题，努力吸引团队成员的注意，我让自己满足的可能性会更高。

同样，我对丈夫的女同事感到愤怒，这样的愤怒让我把夫妻关系的问题归咎于她，而我们夫妻关系的恶化对我影响很大。我可以只在意自己的愤怒，用全部精力破坏这个我丈夫身边的女人的形象。这正是我们所说的"一叶障目"，因为我把全部精力用来跟这个女人斗争，可是这样并不能拯救我的夫妻关系。

预见性情绪

这一类别的情绪与将来可能发生的事情有关，所以是由思想机制，即想象触发的。我们只有识别这类感受，才能按照它们原本的功能进行回应。

预见性情绪可能是正面的，如属于欲望类型的情绪——兴奋、食欲；也可能是负面的，如担心、害怕、惊恐、恐惧；还有可能是复合情绪，如怯场——既为可能失败感到害怕，也为可能成功感到兴奋。

尽管这一类别的情绪都是基于想象而产生的，但它们跟其他情绪一样表达了我们的需求状态。例如，恐惧让我们能够识别潜在的危险，采取措施去应对它，保护对我们来说重要的东西。因此，恐惧让我们看清什么是自己所珍视的，它甚至会以突如其来的方式让我们看见自己的需求：

我以为自己不再爱自己的妻子了，可现在，自从知道她得了癌症，我就好害怕失去她啊！

尽管有时候恐惧看起来很不符合实际情况，但它也让我们识别出自己所珍视的东西，所以恐惧非常珍贵，不管正面思想的拥护者怎么说。如果只有对待恐惧的态度和反应就有可能无法应对它，因为问题并不在恐惧本身或感受到恐惧这件事。

复合情绪

复合情绪看起来很像情绪，但通常是多种情绪的混合体或我们用于掩饰真正的感受时所使用的"伪装"。这样的掩饰有时非常有效，连我们自己都会被骗过。除非与我们打交道的人经验非常丰富，否则很容易被我们欺骗。有些复合情绪的防御性很强。单一情绪的目的是传递信息，复合情绪则相反，有些甚至试图"误导"我们，所以我们必须仔细查看它们由什么组成，否则，我们就会停滞不前。

准确地知道哪些情绪构成了复合情绪后，也能让我们明白它们为什么会损害我们自身和我们所拥有的关系。复合情绪之王毋庸置疑是内疚，但我们需要区分良性的内疚和不健康的内疚。嫉妒、蔑视、可怜、厌恶和羞耻也是狡猾的复合情绪家族的成员。

反情绪

反情绪这个类别的情绪体验中身体反应所占的比重很大，这些身体反应是当我们排斥情绪或阻碍情绪表达时导致的各种不适：可能是我们让情绪消失了（如果情绪成功消失了，我们称之为压抑），或者仅仅试着去弱化它、遏制它或压抑它。反情绪也有可能是我们很在意却试图回避的心理活动。

之所以身体反应也被列入在这个情绪类别中，是因这些身体反应具有情绪层面的意义。焦虑就属于这个类别。事实上，焦虑是一种因为我们遗忘或忽略了生活中非常重要的事所导致的弥散性恐惧，焦虑者总是伴随着身体上严重或轻微的不舒服。与焦虑相关的生理症状常常让人非常痛苦，有时甚至令人难以忍受。这些症状让当事人非常害怕，有时甚至会因此引起恐惧症。焦虑是一种极其普遍的现象。不幸的是，越来越多的人几乎在情绪还未开始发展时就逃避了，结果患上了惊恐发作。对惊恐发作的恐惧会让他们避免进入那些有可能会触发惊恐发作的场景，恐惧症就是这么来的。

除了焦虑，反情绪这个类别中还有发热、忧虑、肌肉紧绷。谁没经历过背痛、冲突性的偏头痛、颈部紧绷、下巴发紧、紧张到胃痉挛呢？过度兴奋、无法集中注意力、晕厥，这些症状如果不是生理性疾病导致的，那么很可能源自压抑或未处理的情绪。

即使有些时候我们没有试着压抑自己的感受，仅仅只是不表达情绪，也足以让身体产生这样的症状。肌肉紧绷可以让情绪滞留并阻碍其向外表达，例如：我很生气，气得把牙咬得嘎嘣响。说话结巴就是情绪滞留的一种很明显的表现。此外，抑制情绪的表达还会导致自己感觉身体僵住了、无法动弹。而头痛和恶心有时候是我们不敢忠于自己感受的表现，例如：我受够了这份苦差事，但我不敢说不，这让我又头疼又消沉。再有，我们压抑痛苦的时候，可能会哽咽；如果压抑得太厉害，还会全身颤抖——神经性抽搐。

如果我们希望脱离困境，重新连于情绪本身，那么解读以上这些症状和本书将要提到的其他症状就显得非常重要了。如果没有这一步，我们会在不同的症状中停滞不前。而大多数时候，这些症状带来的痛苦远比直面情绪本身要痛苦得多。

伪情绪

用"我觉得……"开始一个句子并不代表我们所说的内容是一种感觉，我们经常把情绪与情绪所关联的处境，或者事实陈述、形象化的比喻、隐喻或评价相混淆。我们有时也会把心态或态度当作情绪。我们来看看这一类情况的例子，就会明白把这些表达转化成情绪表达的重要性。

事实陈述

被拒绝、知道有人不喜欢跟我们在一起、独自一个人在家，这些是客观事实。但面对这些客观事实的时候，每个人的感受可能很不一样：被拒绝，有的人感到无所谓，有的人感到很痛苦；别人不喜欢跟我们在一起，有的人可能只是觉得有点无聊，有的人会觉得很不自在，甚至可能离开那个现场，因为"我觉得受够了"；一个人在家，有的人觉得很开心，有的人会感到忧虑，因为"我太孤单了，感觉被遗弃了"。

至于矛盾，可能是对客观行为的描述，也可能是态度或情绪：我们做了两件互相矛盾的事，在两个选择之间犹豫不决，爱一个人但也会因为某件事而埋怨这个人。

至此，我们可以看到区分事实陈述、客观情况，以及与这些相关的感觉非常重要。每个人的感觉可能很不一样，甚至有些人在生命的不同阶段也可能有不同的感觉。

形象化的比喻

我们也常常用形象化的比喻描述自己的感受。感到

"高高在上""渺小""有距离""窒息""被碾压""卡住"，这些描述都很接近我们所要表达的感觉。有时候使用这些现成的形象化的描述让我们可以轻松表达自己的感受，它们能非常准确地表达我们的心情。

心态

我很平静、安宁、纠结、忧郁，有空白感，这些都是状态，当然不可避免地带着情绪色彩。很平静，可能是一个人非常生气，但想控制自己的状态，最终平静了下来；也有可能是一个人又平静又无聊，或者是又平静又忧伤。我很忧郁，同时伴随伤心；或很忧郁，同时充满了被自己压抑的无言的愤怒？从定义上来看，心态是一种状态，是稳定的，而情绪总是在变化。

态度

把态度和情绪混淆在一起的情况并不少见。好奇、开放、热情、敌意，这些都是为人处世的态度。好奇意味着时刻想学习更多，喜欢尝试新事物。热情意味着时刻准备对人付出感情。事实上，"我觉得自己很慷慨"这句话指的是"我"准备慷慨地给予。一个持敌对态度的人时刻准备着反对他人或与他人争执。开放意味着接受现状，也意味着愿意被触动，所以，它是我们朝着一个或另一个方向采取行动的倾向。

评价

最大的错误莫过于把对自己的评判当作情绪，例如："我觉得自己真愚蠢、真糟糕、真可笑。"更准确的表达应该是："我发现自己有点儿愚蠢、糟糕、可笑。"因为愚蠢、糟糕、可笑不是能够感受到的，而情绪从定义来看必须是我们感受到的。

当我们希望连于自己，意识到自己此刻的内心经历，很关键的一步是我们需要避开这些不精确的说法，问问自己真正的感受。"我觉得自己真愚蠢"可以用以下这些说法："我刚刚做了一件蠢事，感觉真的非常不好"或"我发现自己很愚蠢，我很担心你们也这样看我"。后一种说法把"我觉得自己真愚蠢"转变成了"我担心你们对我的评价"。

"我觉得自己很可笑"要表达的通常是"我"很尴尬："我做事的方式让我觉得自己很可笑，我担心这件事的后果。"

结论

本章中涉及的例子让我们看到日常用语并不总是能够反映我们内心真实的状态，但我们也需看到识别自己的情绪总是可能的。或许，对真实情绪和其他类型的情绪体验有了一些理解之后，我们可以更容易地回答"我的感觉是什么"这个问题。

我们需要准确地识别我们的情绪体验，因为这对于情绪的演变是必不可少的。如果我们只是粗略地表达情绪，如"没关系""很酷""我觉得超级好""我感觉不好"，我们就不可能更深地理解我们的内心世界。要想发展我们即刻的情绪体验，所有情绪就必须进入意识层面。只有在情绪显露的那个当下，让它浮于意识之上并命名它，才能展开情绪过程。接着，去感受这个情绪，这样我们才能更好地理解自己的内心经历。所以，只有通过体验情绪，我们才能完成情绪过程的循环。这就是为什么了解情绪并有准确命名情绪的能力是如此重要。

下一章的内容能让我们更好地理解上文提到的情绪过程。

第二章

情绪过程

这个完整过程是一个循环，而且会不断循环下去。只要我们活着，所有的情绪发展都需要经历这个过程。因为我们的情绪体验是持续不断的，就像我们的身体感受一样。

情绪过程所提供的信息

正如我们在第一章中所了解到的，情绪揭示了我们的需求。从这个角度来看，它不仅反映了我们的状态，还反映了在那个当下情绪本身的独特性。所以，感受它，我们才能准确地知道自己内心所发生的一切。而且，只有这样，我们才能确定在自己身上发生了什么。然而，我们更倾向于"猜测"情绪，而不是倾听情绪。我用下面的示例进行说明：

1. 我有点难过，可能是因为天气太差了！
2. 我总是难过，是因为我觉得很孤单。

我们满足于这些差不多的说法，然而这样，我们就无法确定在我们的生命中到底发生了什么，以及这些事情对我们的重要性。而且，这些说法也会让我们无视情绪，甚至"消灭"情绪。以下这些就是示例：

1. 我有点难过，但我没理由难过啊，我已经拥有了让我幸福的一切！
2. 愤怒会过去的，没那么严重，我只要稍微控制一下就好了。

对情绪进行解释也会造成类似的后果：我们会无法明白情绪真正的、准确的意义。

1. 我为了一点小事大发脾气，可能是因为我太累了。

2. 跟她在一起好无聊，肯定是因为她长得不够吸引我。

3. 为什么我心情这么不好？肯定是因为我快来例假了！

在这种情况下对情绪进行解释没有什么价值，因为为时过早。解释并不能让我们知道情绪的性质和强度，也不会让我们知道它对于当下的意义。如果我们只是用解释的方式来对待情绪，那么出现"情绪没什么用"这样的论调就一点儿也不让人惊讶了。就像我们吃东西的时候，如果没有花时间好好品尝食物，那么过不了多久，我们就会对食物完全失去兴趣。我们过早解释了情绪，情绪也就成为多余的了。的确，"我"没有理由难过，那"我"为什么要难过？如果"我"真的觉得自己没有理由伤心，那么忽略自己的感受或让这个感受消失——甚至刻意为之，就很符合逻辑了。那么问题来了："我"认为自己毫无理由生气，却发火了，这样的想法会让"我"做出什么反应？会让"我"平静吗？不太可能。会让"我"找到生气的理由吗？更不可能。既然如此，这样"解释"生气于"我"有何益处？实际上，这样的解释会终止问题，终止情绪发展的过程。

在上文第二个示例中，对方缺乏吸引力是"我"跟这个人在一起觉得无聊的原因，这样说没有错，但这真的是我觉得无聊的主要原因吗？这样处理情绪会导致获得的信息无关痛痒，所以如此处理情绪并没有用。如果我们想证明情绪完全无用，那么会这样做；但我们真正想要的不是证明情绪无用，不然我们就不会在面对自己能接受的情绪时转换态度。我们欣然接受这些情绪，有时候甚至都没意识到这些情绪转换过程，也不会进行任何阻挠。同样地，如果我们面对不愉快的情绪时不加以阻挠，这些情绪也可以发挥它们的作用，即传递关于我们自己的珍贵信息，这些信息引导我们考虑对自己重要的一切。现在让我们一起来看看这个情绪过程。

情绪的自然发展过程（或情绪适应的必要过程）[1]

情绪的自然发展过程包括五个自然衔接的阶段。这五个阶段不可互换，也不能跳过任何一个，否则其余进程会被严重干扰，我们的情绪体验也会受到很大影响。要想过

1　Jean GARNEAU, Michelle LARIVEY, « Le processus naturel de croissance », *L'Autodéveloppement*, *op. cit.*, pp. 49-69.

渡到下一个阶段，我们需要完整地体验正在进行中的阶段。这个完整过程是一个循环，而且会不断地循环下去。只要我们活着，所有的情绪发展都需要经历这个过程，因为我们的情绪体验是持续不断的，就像我们的身体感受一样。接下来，我们简单看一下情绪适应的必要过程的每个阶段的性质和功能。

"显露"是当下情绪或内心主要状态"出现"的阶段。在这个阶段初期，我们较少能清晰地体验到情绪，通常只有非常模糊的感觉，但如果我们保持连于情绪，它就会越来越清晰（就像远处的物体越看越清晰一样）。情绪可以通过各种身体感受显现出来，恐惧就是如此。在我们意识到自己害怕之前的几微秒中，我们能感受到神经丛的反应。有时面对一个尴尬的情形，我们会慢慢感受到不舒服，但在这样的感受之前，我们会先感受到心跳变化。但另外一些时候，情绪会突然清晰而干脆地出现。我们认为当情绪或内在状态（而不是出现的原因）被清晰识别的时候，"显露"这个阶段就结束了，情绪这时也被命名了。

接下来就自然地进入第二个阶段——沉浸，这个阶段主要就是感受出现的情绪或状态。尽管听起来非常简单，但是这个阶段往往受到最多阻碍（至少在深受笛卡尔思想影响的西方人身上是如此）。这个过程之所以如此困难，是因为我们需要接受情绪最真实的样子，完全放手。事实上，如果希望进入下一个阶段，我们就需要充分体验情绪本身，尤其是该情绪的强度。我们完全地体验了这个情绪之后，自然而然就会过渡到第三个阶段——发展。

因为我们已经充分体验了情绪，所以在"发展"这个阶段，情绪体验开始分层，并显露出它所有的方面。情绪体验的各个维度开始出现，我们可以感受到该情绪的特定色彩。所以，"我"今天的伤心有可能跟一个星期前的伤心不太一样，即便"我"都是因为太孤单而哭泣。今天的伤心可能更强烈，或者较弱一些，可能跟"我"这个星期试图取得一些进展却遭到了拒绝有关，也可能与"我"面对一个非常有前景的工作不敢冒险而对自己很失望有关。

当情绪体验非常复杂时，要想顺利度过这个阶段，我们需要做一些"积极探索"。喜悦是一种简单的情绪体验，它的发展过程不需要我们进行"积极探索"。但像害怕、生气这样比较复杂的情绪，我们就需要努力进行整体探索。只有识别与某一情绪体验相关的所有元素，我们才能最终明白自己的情绪经历。

接着是明白意义的阶段（从精神分析的角度，这就是"洞察"）。在这个阶段，我们可以从内心明白、理解情绪体验的意义。

如果这个过程进行得顺利，我们自然会有"为什么我会有这种感觉"这个问题的答案。而且，我们不会对这样的"理解"有任何疑问，这个理解不同于在情绪体验初期我们过早给出的解释。当我们理解了情绪并明白了它的重要性——这两点也是我们在这个阶段的任务，我们自然就会知道如何按照我们的理解做出朝哪个方向行动的决定。这就是下一个阶段我们该做的事情。

最后一个阶段为"统一的行动"。这个阶段主要是以"尊重对自己来说重要的一切"的方式结束这一周期，一般通过行动或口头表达，或两者兼而有之的形式来实现。然而，只有在这个阶段实现了"直接接触"，情绪体验才算完整。换言之，我们的行动或表达必须精确地反映我们的情绪经历。而且，我们还需要在接纳我们情绪的人面前表达这种情绪经历和内心经历。所有这些，便是这个阶段所带来的"统一的感觉"的元素。

一旦这个行动结束了，达到了应有的效果，身体就准备好接受下一个新的情绪或问题，在同一个主题或不同的主题上再完成这一过程。为了更好地理解这一进程，让我们通过一个示例来说明一下。

我跟男朋友约定好在一家餐厅约会。我到了，心情很好，迫不及待地想见到他。我看到他了，他坐在餐厅较里面的位置，跟一个朋友聊得正起劲，其实，那是他的一个前女友。他们似乎聊得非常开心，很享受和彼此在一起的时间。我的心跳得很快，血液几乎停止了流动。我感到嫉妒就像毒蛇的毒液一样侵入我的身体。我应该像往常那样和他大吵一架吗？（这样做的话，我就是在情绪体验刚开始显露的时候就直接采取了行动，而不是任其发展，跟随情绪的流势，去经历每个中间阶段。）

我试了试新的方法：我决定连于嫉妒的感觉——从头到脚占据了我的、如此强烈的嫉妒的感觉！他没看见我，我利用这个机会走出餐厅，让自己更自由彻底地感受它。（沉浸。）这实在太难以忍受了！天啊，真的太痛苦了！但是，出乎意料的是，我平静了一点！嫉妒当然没有消失，我仍然非常强烈地感受到这个情绪。但当我专注于自己，聆听自己的感受时，我平静了下来。我意识到，愤怒开始浮现。（这是发展的开始。）

我在寒冷的天气中疾走，回忆一点点浮上心头：那些我看到他跟除我之外的人嬉笑的场景，有时是跟他的朋友——经常是前女友之一，有时是跟他调情的女同事，他发现我看到的时候是多么惊讶！我当场怒火爆发，这样的情况让他觉得自己一次次在公共场合被羞辱。可是他并未收敛！我恨他！他怎么能再一次这样对我？而且他明明知道我们约好了！他是故意让我来制造"惊喜"的吗？他这么做是间接告诉我什么信息吗？（发展的阶段在继续进行。）

我知道这段时间以来，我们的感情出现了问题，我们之间越来越疏远。是他受够我了吗？我脾气不是很好，经常大吵大闹。是我做得太过分了吗？我好怕失去他。

现在我绕回来了，重新回到了餐厅前面。我决定再次走进去，尽量隐蔽地观察他们在一起时的样子，再看一次。我想看看这一次我是什么感觉。这一次，不是为了激起我的愤怒，让我痛苦——他经常这么对我说，而是为了试着找到我看到他们在一起时真正的感受。（这样做有利于我进一步体验情绪的发展。）我找了一张桌子，在这里他们看不到我，而我可以观察他们。我如鲠在喉。她轻轻地靠在他的肩膀上。哦，天哪……我感到自己的胃在翻江倒海，我害怕极了！我男朋友对着她微笑，我更加害怕了。他拉着她的手，看起来很愉快；他亲吻了她的手，非常隆重的样子。我想我要崩溃了，但我深深地吸了一口气，这时，我开始感到悲伤。我太羡慕她了！我多么希望他是在跟我做这些动作，跟我这样玩闹！我们已经很久没有这样玩了！我继续沉浸在悲伤中，很担心我们之间的关系。

尽管经常见面，我们在一起时却没以前那么快乐了。

我经常不耐烦，他并不愿意在这些时刻陪伴我。这让我非常不安，因为我们刚在一起的时候，我稍微跟他保持距离，他就会靠过来。我害怕自己正在失去他，可我不想失去他！他比任何人都重要！我突然更深入地明白为什么我会嫉妒了：我在这段关系中非常没有安全感。（这就是明白意义。）几乎可以确定，他有过好几个优秀的前女友，我对他来说可能毫无吸引力。他的脑袋里可能只想着一件事：找人取代我。一旦遇到一个更令他满意的人，他一定会这样做。所以我总是如履薄冰。而同时，我又不想跟他分开，他对我来说是最重要的，被他爱着，对我现在的生活来说是最重要的。我必须得告诉他这一点。（在经历了情绪的各个层面之后，我明白了自己应该采取的行动。）这很不容易，因为我很不习惯让自己这样"裸露"在别人的面前。好多次我发火，都是直接朝他发泄情绪或大哭，但这次不一样了，我要告诉他我内心深处所经历的，告诉他我的悲伤、我的不安。这样会显得很脆弱，也让我害怕。如果他嘲笑我呢？如果他让我走开呢？（我看到自己非常抗拒采取统一的行动。）我决定冒这个险。

　　我内心颤抖着靠近他们俩所在的桌子，但我没有发火。我很伤心，而且并未掩饰这一点。我跟他们打了招呼，他的朋友离开了。我看着他，感觉他在等待一场暴风雨。（接下来就是统一的行动了。）我大哭起来，告诉他我很害怕失去他，也告诉他我所有的担心：我觉得自己不够好，他会被比我更好的女性所吸引，比如他的这个前女友。我说话的时候一直看着他的眼睛，说着说着，渐渐地从伤心中感受到了一种平静。他的眼神看起来很温和，我把这点告诉了他。我告诉他，他的反应让我感到很温暖，在我看来那是爱我的表现。他向我张开双臂，我冲了过去，哭得像个害怕被遗弃的孩子。拥抱了几分钟之后，我的感觉不一样了。我感到高兴，还非常疲倦。我从他的怀抱中抽出身来，对着他微笑，并注意到他其实很感动。

这件事给我带来了非常有意思的影响，我仍然关注自己内心的一些不适，而这是情绪过程新循环的开始。

情绪阻抗

我们认为情绪阻抗这种情绪过程是自然存在的，因为它似乎是人类情感经验中所固有的。我们可以通过观察幼儿发现这一点，幼儿不会排斥表达自己的感受，行为也总是顺应情绪。但随着时间的推移，他们慢慢受到家庭、学校和社会的影响，放弃了某些情绪反应，不再关注某些内心状态，隐藏真正的感受，在不连于情绪的情况下采取行动……我们没有人能避免这些使情绪受阻的障碍。事实上，纯真的童年早期给我们每个人都留下了许多影响，在这个时期，我们能否适应环境关乎能否生存下去。由于这些经历，我们成年后会有一定程度的情绪障碍。我们给情绪过程所设置的这些障碍，降低了我们的满足感、活力，限制了我们情绪能力的发展。

所有人都很难允许情绪自然发展，尤其在面对那些我们最害怕的情绪时。而且恐惧还会阻碍我们的意念在意识层面找到一条自由发展的道路。对情绪过程的抵抗是一个正常的现象，这是对痛苦、不稳定，有时仅仅是对不舒服的一种保护性反应，它的表现就是拒绝完成情绪过程。例如，假设我是一个不喜欢被控制并不屈服于情绪的人，那么我非常抗拒沉浸在情绪过程中就一点也不奇怪了。因此，所有那些让我不舒服的情绪，包括悲伤、愤怒、嫉妒等，我都会避免进入沉浸这一步。只是要抹去情绪非常不容易。如果我们想彻底感受不到情绪，就必须使用有效的方法。例如，当我开始感到不舒服的情绪要显露的时候，我需要用很强的逻辑自我说服，这样才能让情绪的强度逐渐降低直至消失。有的人用吃东西的方式来达到同样的目标，还有的人进行一些转移注意力的活动。假如我是一个讨厌问题的人，我就会避免考虑让我烦恼的事，会自动屏蔽这些事情，并告诉自己：不管怎样，我都没有解决方案。情绪才刚刚显露，我就已经在考虑之后的步骤，而我显然还未准备好进入这一步骤。除非我对了解自己、了解事物如何影响自己完全没兴趣，我才会这么做。我一直忙着做事，疏于检视内心，那么我的行为和情绪之间就失去了纽带，我甚至会采取与感觉相反的行动。

情绪阻抗现象是一个很重要的主题，足以用一整本书来讨论[2]。本书的目标有两个：说明情绪体验的信息功能，明确指出阻碍情绪发展会产生负面影响。我们需要知道情绪不会因为不受欢迎就自动消失，这很重要。我们可以从意识层面抹除它的存在，但它会继续影响我们，并产生一些后果，尤其会通过反情绪的形式继续存在。想象一下，假设有一种情绪正要显露出来，而我们抑制了它，那么它就从意识层面消失了，取而代之的是另一种情绪体验，如焦虑。当我们感受到焦虑这种反情绪的时候，我们会试图摆脱它，但它会以更强烈的形式再度出现。重度焦虑、惊恐发作就是这样，我们试着逃开这些情绪，但它们会以失眠、身体疼痛的方式回来……

---

2 Jean GARNEAU, Michelle LARIVEY *et al. L'Enfer de la fuite, op. cit.*

然而，令人欣慰的是我们可以在情绪过程的某些阶段摆脱阻抗，"重新习得"我们过去凭直觉就知道怎么做的事情。此外，这个课题正是"自我发展"——心理治疗方法的核心主题之一[3]。

所传达的信息类型

所有的情绪体验都在向我们传达信息，这些信息关乎我们内心世界正在发生的事情，包括那些从严格意义来说并非属于情绪的类型。以下再一次总结第一章中介绍的四种情绪类别的特征。

单一情绪是指以最简单的形式出现的情绪。我们只有感受情绪，才能识别情绪，正如我们只有去体验身体感受，才能知道那是什么。还有，情绪也像我们身体感受一样，会随着我们的体验而变化：体验强度的改变，会导致微妙的差别和新的维度。这样的变化可被称为"体验的动态"。通过这样的初步划分，我们可以区分反映我们满足和不满足状态的情绪，它们都与我们自身的需求有关，与曾经满足或不满足的原因或经验相关，还与包含了正面情绪和负面情绪的预见性情绪相关。

3　Jean GARNEAU, Michelle LARIVEY: *L'Auto-développement..., op. cit.*

　　复合情绪是多种情绪体验的融合，其中至少包含一种单一情绪，有时候甚至包含好几种。例如，暴怒是在无能为力时所表现出来的愤怒。暴怒只包含一种情绪，但因其伴随无力感而被划分在复合情绪里面——尽管无力感不是一种情绪，我们却必须考虑它，这样才能完整地体验暴怒这种复合情绪。气愤与暴怒相似，都是因为遭受不公正待遇而感受到的愤怒和屈辱。实际上，气愤的组成部分就是面对不公正时的所有反应，如果要完整地体验情绪，我们也必须要考虑到这些反应。

　　有一些复合情绪，如可怜、嫉妒，包含了防御性反应，除此之外至少包含一种情绪。要找出这种情绪，如找出掩饰性的罪疚感中的恐惧，我们就必须识别情绪体验的所有组成部分，按照情绪原本的样子来对待每个部分。

　　反情绪是由情绪阻抗带来的情绪体验，特征是它经常伴随着身体的反应。不同于情绪的感受，反情绪的主要反应是生理性的，涉及许多身体部位（对应各种类型的紧张）。因为情绪受到约束或压抑，身体不再能够承受由此带来的负荷，继而引发诸多反应。惊恐发作及其他一些疾病正因如此。了解自己的情绪阻抗，找到逃避的情绪或意念，我们就可以利用这些体验重新连于自己。

　　伪情绪既不是情绪，也不是情绪阻抗的表现，而是因为我们自己的误解或没有努力区分自己的情绪经历，把伪情绪和情绪混淆在了一起。"我感到很孤单""我感到被拒绝"，这些言论所表达的都不是感受，而是对实际情况的描述（我一个人），或是对他人行为的描述（她遗弃了我）。有时候我们用形象化的表述或比喻大致描述自己的情绪："我感到自己像被隔绝了，格格不入，困顿又渺小。"因为不知道精准的描述有多重要，我们一直用这些差不多的语言来形容自己的情绪经历。如果我们知道需要精准地命名情绪才能让情绪过程自然地展开，或许我们会更努力，不再使用那些模糊的描述。

此外还有一些模糊的表述："我感觉不好""我感觉很好""我是对的""太酷了"。这些表达方式并不适合表达我们的感受，所表达的也不是情绪。然而，只需要一点点的努力，我们就可以迅速把它们转化成能够准确地表达我们情绪经历的言辞："我感觉不好"转换成"我害怕"，"我感觉很好"转换成"我很满足"，"我是对的"转换成"我安心了"，"太酷了"转换成"我好喜欢你做的"。更精确地描述自己的情绪能让情绪过程更自然地展开，最终让我们更受益。

至此，我们已经结束了引论。现在，我们可以进入本书的核心，描述这四种情绪类别中各种各样的情绪体验。尽管我试着详尽无遗，但也不可能处理所有的情绪体验，所以我会优先处理那些普遍给大家带来较多困扰的情绪体验。了解并知道如何处理它们非常重要。

第三章

单一情绪

人和动物要生存下去，就应该在生理和心理各方面满足维持生命体征和成长的需要。在心理层面，情绪负责提醒我们自己的需求是否被满足，以及被满足到了什么程度。

■ 感动

示例

1. 我的孩子迈出了他人生中的第一步，扑到我的怀里。我感动得流泪了。

2. 我在小组聚会中谈论自己，每个人都转头看着我。我很惊讶得到如此多的关注，很感动。

什么是感动？

这是一种非常浓郁的温情，通常伴随着眼泪。因为有眼泪，我们常常把它与悲伤混淆。有时，感动确实会引起悲伤，但有时，感动留下的是温情。我们经常用"被触动""感动得一塌糊涂""感人肺腑"来表达我们的感动。

感动有什么作用？

感动表明正在发生的事很特别、很重要，能滋养我们的心灵，这意味着我们所经历的回应了自然的情感需求。正因如此，"我"可能在刚刚学步的孩子身上看到他对"我"

的信任和爱 (示例1)，在这个时刻，他满足了"我"对于爱的需求，让"我"感到自己很重要。当"我"看到每个人的注意力都在"我"身上，"我"感到自己是个重要的人 (示例2)，这满足了"我"被认可的需求。"我"很感动，很幸福。反之，如果"我"的需求很强烈，却没有得到很好的满足，那么"我"有可能面临着情感缺乏，"我"的感动就有可能带有悲伤或者彻底转向悲伤。

如何面对感动？

面对感动，最好的做法是像面对其他情绪一样，让自己感动下去。不过，感动可能转变成欢喜或悲伤。只是，我们一般都不这样做。我们习惯于思考情绪而不是去感受，倾向于在情绪刚显露的时候就立刻拒绝它，尤其在有人在场的情况下。我们会想："我是怎么了？我又不觉得难过，有什么好哭的？"

过早将情绪上升到思想层面，我们就不可能了解自己此刻确切的情绪经历，当然也剥夺了完整体验情绪的可能性，我们将无法理解这种情绪的需求到底是什么。这样做，我们也不可能去查看这种需求是否一直处在缺乏的状态。

■ 愤怒[1]

示例

1. 我很生老板的气，他没有按照我们说好的给我涨薪水。

2. 我儿子想放弃学业，我感到很愤怒。

3. 我的电脑今天第三次出现问题了！我都气晕了！

什么是愤怒？

愤怒是反映不满足的单一情绪。当我们判断出——不管判断得对还是错——某些人、事、物该为我们的挫折感负责的时候，我们就开始感受到愤怒了。因此，一旦出现阻碍我们获得满足的人、事、物，我们就会对其感到愤怒，这是愤怒和悲伤（也反映了挫折感）之间最根本的区别。在悲伤的情绪中，我们直面的是自我的缺失；在愤怒的情绪中，我们会对导致自身产生挫折感的人、事、物做出反应。

我们经常感到愤怒，因为在日常生活中实在有太多不满足的时刻了。而且，由于我们没有充分重视某些未被满

---

1 Michelle LARIVEY, « Agressivité et affirmation », *Les Émotions...*, *op. cit.* pp. 141-159.

足的需求，不满足就会一直持续下去。

愤怒有很多种性质，强度也不同。这里列出它的几个表现形式：不满和生气在天平的一端，暴跳如雷、暴怒在天平的另一端。

各种类型的不满就是通过一系列愤怒的情绪表达出来的。无法从自己不喜欢的情境中脱离出来让人愤怒，遇到不公正的情况让人气愤。一些由愤怒引起的情绪体验属于复合情绪，如蔑视、嫉妒、失望、怨恨。

愤怒有什么作用？

所有生命体都在为了保持最佳活力、最佳生长力而维持着必要的平衡，他们之所以能够适应各种环境，就是因为一直努力保持着这种平衡。对于人类而言，情绪在心理层面的角色是信息提供者，专门提供关于需求满足度的信息[2]。

当生命中某一方面的平衡被打破的时候，我们就会愤怒。不平衡通常表现为不满，这可能意味着需求没有被满足、愿望没有实现、期待落空了，或者有可能只是一时任性。愤怒带来双重信息，它既表达不满，又说明有障碍物

---

2 Jean GARNEAU, Michelle LARIVEY. « Des émotions pourquoi ? ». *Les Émotions…, op. cit.*, pp. 23-45.

阻碍了我们获得安适。事实上，愤怒总有一个对象，这个对象可以是我们自己，也可以是事、物。我们之所以归咎于某人、某事、某物，是因为它们促成或阻碍了我们体验某种情绪。

愤怒牵动着我们的全身：我们的精神专注于某个问题（更确切地说是某个障碍）；生理反应被触发，尤其在愤怒非常强烈的时候。愤怒"像芥末一样冲向鼻子"，恰如其分地反映了身体准备好"攻击"时的生理感受——现在我们准备好捍卫自己，征服能够满足我们愿望的人、事、物。愤怒的主要作用就是赋予我们跨越眼前障碍的能量。

愤怒是不满足的表现，就像其他所有情绪一样，这样的表现是健康的。但我们面对愤怒的方式，有时候会带来问题。只要按照适应的必要过程去发展，我们最终会采取"恰当"的行动；可是如果我们跳过情绪体验的某些步骤（如直接从显露阶段跳到行动）、冲动行事，那么所采取的行动就不可能是情绪体验的自然过程所带来的"统一的行动"，而且有可能是不必要的或有害的。

与愤怒有关的典型错误

要想健康地处理愤怒，首先必须为自己负责。采取这样的态度能让愤怒变得更具有建设性，我们不会无能为力。但我们如果认为自己受制于他人（或生活），自然会倾向于把挫折感归咎于他们，在这种情况下，找到的避开障碍的办法就会变得冗长又复杂，而且其中大多数肯定是无效的或不健康的。

如果觉得愤怒是一个"糟糕的顾问"或认为愤怒让人失控，这样的想法是错误的。真正让我们走错路的，是阻碍情绪过程或错误地归咎责任。因此，在愤怒的情绪体验中跳过任何一步，都会妨碍我们自我尊重，并以此方式采取行动。如果我们没有努力地、全方位地去感受自己的愤怒，去理解自己如何受影响、影响的程度有多深，就无法让情绪过程完整地进行下去。若忽视情绪过程中一个或多个阶段，我们就无法知道自己的愤怒是防御性的，还是有根据的。它是用来掩饰我的悲伤的吗？我是不是在应该承认错误的时候把它当作了攻击的武器？等等。

同时，如果我们倾向于让别人为我们是否满足来负责，我们的愤怒就会经常锁定不恰当的目标，而我们自己则一直停留在不满足中。由于我们错误地指责了他人，他们不会为了满足我们而合作。因此，我们很有可能一直充满抱怨，而这些抱怨会侵害我们自己和身边亲友的生活[3]。

3　关于拒绝孤独，请参阅以下文献中"存在的影响"一章：Jean GARNEAU, Michelle LARIVEY, *L'Auto-développement...*, *op. cit.*, pp. 253-299.

偏离满足的目标

示例1中，"我"的老板是"我"不满的根源，因为他没有遵守我们共同达成的协议。当"我"知道这件事的时候，这件事的关键不再是加薪的问题，而是他没有尊重"我"，所以"我"的目标是让他按照应有的方式尊重"我"。如果"我"没有办法实现这个目标，那么新目标可能是以尊重自我的方式采取行动。

从这个角度来看，直接向他表达"我"目前的感受可能是一个令人满意的解决方案；另一种解决方案可能是降低"我"在工作中的参与度；最好的解决方法就是准备辞职。如果不选用这些方案，而是生气或消极怠工，以此让老板"遭受损失"，"我"就永远不会有被尊重的满足感，反而会降低"我"的自尊感，问题只会变得更糟。

怪罪生活！

在生活中，我们会遇到各种各样的问题，为了保证持续的满足感和舒适度，我们必须处理这些问题。从这个角度来看，怪罪电脑一点也不能让"我"满足（"我"不能指望电脑让"我"一整天都高高兴兴的）。"我"可以认为是电脑带来这么多麻烦，并且打算毁掉它，这样很明显"我"把精力集中在一个错误的目标上了。如果"我"把挫折感转移到孩子或宠物狗的身上，也是一样的结果，因为"我"的内心深处很清楚这与他们无关。这样做，除了会降低"我"的自尊感，还会让"我"内疚。

毫无疑问，让自己满意的最好方法是"我"接受事实，并愿意花些时间修理电脑："我"可以打电话给技术人员，根据实际情况重新安排优先次序。这样比整天怨天尤人更容易让自己感到满足。至于挫折感，"我"必须表达出来（这样做是自由的，有时也是必要的），当然前提是不伤害任何人：为什么不大叫一下，或不断咒骂，甚至向沙发挥拳？

锁定错误的目标

应对让我们感到挫折的人或情况，不总是那么容易。采取合适的行动去重获满足感，通常也是一个很高的要求。所以，没有直接面对这些困难，而把怒气发泄在第三方身上的情况并不罕见。这样做，无辜受牵连的人会有强烈的不公平感，也会破坏双方关系。

如何面对愤怒？

就像面对其他情绪一样，如果我们努力完整地体验愤怒，就能够明白自己所遭受的挫折感的强烈程度，也能识别出让自己满足的真正力量。这样，我们就能有效地调整自己，找出解决方案。

➡ 示例 1

尽管我试了很多次，希望老板至少告诉我关于加薪这件事他是否改变了主意，但他没有回应我。我不想就这样算了，因为这对我来说是原则问题，协议就是协议，除非我们双方都同意用另一个合适的方式来替换已有的协议。所以我坚持询问他，并说明为什么这对我来说很重要。如果他坚持避而不答，那么我就会开始准备换工作，一旦找到另一份我感兴趣的工作，我就辞职。

➡ 示例 2

感受愤怒，让我意识到我在用自己的期待去评估儿子所做的决定。我尽一切努力说服他：在我眼中，他做了错误的决定，但我也会试着放手让他过自己的人生。我对他的期待可能也反映了我自己的需求，那我担心他无法实现我的梦想，简直是在做无用功！

属于不满 / 愤怒这一系列情绪的变化

攻击性：愤怒的同义词，但也是能让我们满足的能量。

不满：反映我们未被满足的单一情绪。

失望 *⁴：未达到期待时所感受到的不满。

不快：由被打扰和矛盾冲突引起的轻微的不满。

愠怒：轻微的愤怒，但比不快强烈一些。

反感 *：就是愤怒，说明已经快受不了了，甚至是受够了。

愤慨：气愤的一种表现形式，由严重侵犯我们价值观的行为引起。

暴跳如雷：意味着我们处于崩溃的边缘，是愤怒和爆发的混合体。

讨厌：是憎恶的同义词。

痛恨：就是厌恶，这种感觉反映的是特别强烈的仇恨。

咆哮：意味着非常强烈的愤怒的爆发。

狂怒：指非常强烈的愤怒。

关于沮丧 *、不耐烦 *、嫉妒 *、憎恨 *、暴怒 *、气愤 *、暴力 *、厌恶 * 和可怜 *，读者可以参考专门讨论它们的章节。

4　这里及下文的星号表示这些概念本书后文都有具体分析，读者可以参考。

■ 满意

示例

1. 我刚完成了一件对我来说很重要的事情，终于和我父亲谈了谈。我很满意自己这么做。

2. 我完成了之前搁置的工作，很满意这个结果。我真的很高兴。

什么是满意？

满意是一种表达满足感的情绪，尤其是指在愿望被实现（即达到目标、努力坚持下去、渴望被满足等）时所产生的满足感。满足感传达的信息是我们成功地做到了在自己看来很重要的事或者是获得了自己认为很重要的东西：可能是我们做到的事，收到的某件东西，或发生在自己身上的事，也可能是对我们来说重要的人所经历的事。当我们说"我为他感到高兴"，指的正是我们所感受到的满意情绪。

满意有什么作用？

满意让我们知道发生了一件对自己来说很重要的事，是满足感的标志。满意有一系列强烈程度不同的表达。

如何面对满意？

一般情况下，当我们感受到满意这个情绪时，我们通常知道原因，但并非所有情绪都是如此。有些情绪比较复杂，我们需要停留在"沉浸"和"发展"阶段较长时间，才能明白所感受到的到底是什么。例如，很多时候我们感到痛苦，却不太知道原因，也不太清楚痛苦的强度。

和所有情绪一样，满意的时候只有一件事要做，那就是去感受它。放手让自己进入情绪的自然发展过程，我们内心深处就会知道该采取哪些必要的行动或该如何表达才能完整地体验情绪。

■ 渴望

示例

1. 我一看到他，心里就有非常强烈的欲望。我只有一个想法，就是跟他上床。
2. 我很想生一个孩子。
3. 我希望能坐帆船周游世界。

什么是渴望？

渴望与恐惧一样都是预见性情绪，但它是恐惧的反面。渴望是期待一种快乐，并提前享受了它。渴望即想象一个具体的情形，在等待它实现时，我们会感到愉快、喜悦、欣喜、兴奋。

当预见性的愉悦或兴奋相对强烈时，这样的渴望便被当作一种情绪。正如只有在想象导致肾上腺素激增的时候才会出现恐惧的情绪，否则产生的就是忧虑或担心。渴望的强度较低时，我们将其定义为期待、心愿、梦想、觊觎，这些都发生在思想层面。

当我们对已知的情形产生渴望时，如与我们喜欢的人在一起，这时伴随着渴望产生了愉悦，这种愉悦源于我"一想到……"，是预见性的。然而，我们所经历的实际情况往往与想象的不同。所以，我们的渴望与我们希望发生的事情相关，而不是与真正发生的事情相关。例如，当我们渴望性关系的时候，脑子里只有能够激起欲望的画面，而不是与伴侣最近经历的所有事情的画面。因为在整段恋爱关系中，显然不是只有愉悦和快乐的时光。想象所呈现的，确实是比现实场景更加快乐或更加痛苦的情形。

渴望有什么作用？

即使现实的情况与我们的渴望不总是完全一样的，我们也无法否认渴望是非常珍贵的情绪。那些在这个方面或那个方面没有渴望的人，取而代之的是对于平淡的抱怨。那些厌倦生活、看破一切的人不就是这样吗？渴望让我们知道自己有什么样的需求和愿望，如何获得满足，如何实现自己的价值。渴望是个体的延伸，因为它反映的是我们的需求、愿望及所有我们觉得重要的东西。出于这个原因，渴望是追求梦想、寻求平衡、获得满足的驱动力。

与渴望共存不是件容易的事，因为有的时候去追求我们所渴望的东西并没那么轻松。而且，渴望常常带来失望。那些为了避免失望而不再有渴望或已经失望的人，也许没有意识到放弃渴望可能是在削弱自己的生命力。

如何面对渴望？

渴望和渴望所带来的愉悦，是我们生命中最愉快的情绪，也是生命力的象征。意识到对自己而言非常重要的渴望，毫无疑问是满足渴望的保证，因为通过渴望，我们能看到自己想要的东西。

■ 无聊

示例

1. 当没有必须要做的事情时，我经常感到无聊。我不

　　知道该做些什么才能让自己感到自在。

2. 我们刚开始交往的时候，他对我太有吸引力，我都
   没意识到时间的流逝。但后来，我感到无聊了。

3. 我觉得这部电影很无聊。

什么是无聊？

　　当我们忙于对自己来说毫无意义的事情时，我们会感到无聊（无聊得难受）。

无聊有什么作用？

　　无聊的感觉让我们知道，我们对当下关注的事情不感兴趣或这件事情没有满足我们的需求。无聊跟不耐烦正相反，它不是因为没时间而对事情不感兴趣，也不是因为需求没有被满足。因此，我们无聊的时候，只能被动地等待，等待无聊的感觉过去，或者为了避免太过无聊而找事情将"时间填满"。

　　为什么无聊的时候我们那么容易被动地等待？因为要赶走无聊，我们必须做一些对自己有意义的事情，但有时要找出自己在那个当下的兴趣和需求有点困难，所以我们就会不知道自己想要什么。的确，如果我们总是疏于找出自己的兴趣和需求，这种能力会慢慢衰退。例如，我们长

期忽略自己的需求，总让别人替自己做决定或优先考虑别人的需求而不是自己的；我们大部分时间都在做"应该做的事情"，并未考虑自己的兴趣和需求。当我们终于有时间留给自己时，却不再清楚该如何用自己满意的方式来使用这些时间。如果我们常常让别人做决定，就会出现这样的情况，我们做选择或为自己的选择负起责任的能力就很难得到锻炼，甚至会衰退。

如何面对无聊？

无聊是偶发性的。当感到无聊的时候，我们需要意识到自己对眼下的事情不感兴趣，应去做更符合自己需求的事。有时，我们不必做太多事情就能改变情况，即能够更有效地满足自己的需求；有时，我们需要彻底地更换所做的事。

无聊也有周期性的。周期性无聊表明我们投入太少精力、花费太少时间来满足自己的需求。在这种情况下，我们需要更多地满足自己的需求，做自己喜欢的事情，除此之外，没有别的办法。周期性无聊可能导致我们无法识别自己的需求，或者无法表达自己的需求，或者两者兼而有之。

然而，如果我们很少去识别自己想要的是什么，那有可能是我们对眼下的生活失去了兴趣。在这种情况下，做以下的练习会很有帮助[5]：

- 多关注自己当下所经历的事。
- 养成习惯，去辨别什么是自己喜欢的、渴望的和愿意坚持的。
- 经常做决定，即使不是很确定自己的选择。

■ 憎恨

近义词

讨厌、痛恨、嫌恶

示例

1. 每当我的丈夫轻视我的时候，我就痛恨他。
2. 我憎恨钻法律漏洞的人，还有那些制定法律让他们有机可乘的人。
3. 我讨厌蜘蛛，我要把它们全都捏死。

什么是憎恨？

憎恨是爱的反义词。憎恨是强烈的愤怒加上不那么善

5　Jean GARNEAU, Michelle LARIVEY, *Savoir ressentir, op. cit.*

意的渴望：我们不希望憎恨的对象伤害了我们却没有受到应有的惩罚。实际上，憎恨一个人，等于我们给了对方权力来决定我们是否满足。

憎恨是格外与其他人有关的情绪，有时候也与动物有关，这种情况下其实是因为对动物的恐惧或曾被动物伤害过而引起憎恨。与物品或情境相关的时候，我们会用讨厌或厌恶而不是憎恨来形容。

憎恨有什么作用？

憎恨泄露了我们内心深处各种性质的不满足，从单纯的挫折感——"她夺走了我在这个世界上最想要的东西"到侮辱——"她在公众场合羞辱了我"，再到承受别人犯错的后果——"她的欺诈行为导致了我的财务崩溃"。

不满足通常会导致愤怒的情绪，那么愤怒和憎恨之间的区别是什么？要产生憎恨的情绪，而不是愤怒的情绪，需要令我们不满足的源头与我们之间存在某种依赖关系。不管这种依赖关系的性质是什么，不管是情感上、经济上还是政治上的依赖，作用是一样的：我们受对方支配。面对丈夫的轻视，妻子大发雷霆，她痛恨丈夫如此对待她，她的反应之所以这么激烈，正是因为她期待丈夫能够反抗（示例1）。两个合伙人的利益捆绑在一起，其中一个人却让另一个人破产了。我们选出来的立法议员根据整个社会的状态做出政治选择，但是越来越远离我们所认同的价值观（示例2）。

示例3中的憎恨源自害怕，"我"可能有过与蜘蛛相关的不好经历，也可能患有恐惧症。若是恐惧症，就是把另一种情绪转移到了蜘蛛身上。对昆虫的讨厌就是一种"移情"，可怜的虫子与此毫无关系。

憎恨是非常重要的情绪，和其他情绪一样。只有完全地感受它，我们才能明白是什么在真正影响着我们。

如何面对憎恨？

我们需要完整地体验憎恨，让这个情绪过程自然地进行下去。如果想知道此刻自己内心的感受，以及如何保持身体上和心理上的平衡，我们就必须这样对待每一个情绪。

➡示例1

我的丈夫刚才跟我大吵了一架，他再一次把我当成了废物！我很受伤，非常憎恨他！平常我很快就可以把这种感觉赶跑，我会把他的言论归咎于酒精，这样想能让我免受仇恨的侵扰。但这一次，我决定停留在这个情绪里，即便我很害怕。这样做，对我（我们的关系）有什么影响？在他的藐视面前，我心里并不好受。如果我花时间停留在这个情绪里，我会受不了的（我开始明白为什么我每次都要逃离憎恨）。

我放任自己想象下去，当然我知道这些只是想象，而不是要采取的行动。他这样对待我，我真想打他！我想离开他，再也不要跟他有任何关系，我不想他再碰我——永远不要！

我觉得他很差劲。我越来越看不起他了。通过想象，我意识到他对待我的方式让我深感不安，没想到我竟然如此不安。我很犹豫。恐惧试图让我清除自己此刻的感受和想法，但我没有这么做！我决定停留在憎恨中，虽然我很受伤。我跟他保持了距离，我一点也不想跟如此对待我的人发生关系。他反应过来，感到惊讶（他已经习惯了我每次都原谅他）。我告诉了他我的感受，他试着轻描淡写，甚至试着诱惑我。这一次，行不通了！他也没有碰我。我不想强迫自己接受他。

接着好几天我都跟他保持距离，他开始感到不安，但我没做任何让他安心的事情。我也很不安，也不清楚具体该怎么做，我只知道要忠于自己的感受，不抹杀自己的感觉，或忽视对自己来说重要的东西。我发现他也不像以前了，看起来忧心忡忡。自从我们上次吵架之后，他再也没有露出那种让我生气的蔑视的表情，再也没有像对待废物一样对待我。从这个角度来看，我感到了一点儿满意，但这不会改变我对他的感情，我并不想靠近他。在这期间，我经常做梦，梦见自己被人攻击，而我奋力反抗。

经过几天的"发酵"，我在看一部电影的时候突然泪流满面。电影里的父亲只关心儿子，把女儿看得一文不值，我在这里面看到了我自己。累积起来的痛苦和愤怒，借着眼泪重新浮现出来。显然，我再也不想忍受这些了。

很显然，我也会告诉我的丈夫他带给我的感受，我再也忍受不了了。如果他坚持自己的态度，我不知道将来如何，但我知道我再也不要承受耻辱了。在我身上，有些事情已经彻底改变了。

■ 不耐烦

示例

1. 很明显，会议已经没办法按照事先计划好的流程按时结束了，会议主持人还停留在琐碎的细节上，这让我非常不耐烦。

2. 汽车以龟速向前挪动，真的太浪费时间了！

3. 滑冰运动员在等待裁判给出结果的时候，坐在长凳上焦急地抖着脚。

什么是不耐烦？

做着在自己看来不重要的事情，无法去做真正重要的事情时，我们就会很不耐烦。

如果不耐烦等来的是我们所期待的快乐时刻，那么不耐烦的情绪过程就还算愉快，如示例 3 提到的滑冰运动员。但如果花了很长的时间等待，结果却没有多大意义，那么不耐烦就不那么令人愉快了，而且常常伴随着生气的感觉。

我们需要区分不耐烦和冲动。冲动是一种持续的不耐烦，人们在冲动的当下总是试图摆脱自己的感受。人们会不耐烦，并不是因为有更好的事情要去做；冲动的人很烦躁，因为当下的情绪让他很不舒服，他想摆脱这个情绪。与不耐烦的人的情况不同，冲动的人所经历的处境是有意义的，但出于这样或那样的原因，冲动的人不想去感受它、接受它。

不耐烦有什么作用?

不耐烦让我们知道，比起眼下的事情，有更好的事情要去做。示例 1 非常具有代表性："我"认为我们正在比较不重要的议题上浪费时间，我们没有讨论到的议题显然更重要。示例 2 也是如此：比起路上浪费时间，"我"想把时间花在更有价值的事情上。示例 3 说明了同样的情况，但基调愉快一些：滑冰运动员迫不及待地想知道成绩，除此之外，没有其他东西能引起他的注意。

如何面对不耐烦?

如果我们优先做当下自己觉得重要的事情，就不会感到不耐烦。我们要留心倾听自己，清楚自己每个时刻的心理状态，并让情绪自然发展。

➡ 示例 1

我打断了会议主持人，告诉他我担心这样讨论下去，我们无法按照流程讨论到所有议题。如果我的满足感与别人是否努力有关，指出问题通常是不够的。我的同事有他们的理由来解释为什么需要在那些不太重要的事情上耗时耗力。由于这是"我的"需要（可能也是其他同事的需要，但他们没有说出来），我需要对自己负责，需要看看到底该怎么办。或许我需要好几次在会议过程中提出这个问题；如果这次的主持人没有办法按会议流程顺利进行的话，我可能会让自己成为主导会议的人。

➡示例 2

在交通几乎瘫痪的情况下我能做什么？当然没办法去改变堵车的现状，然而，我可以用这些时间来思考或者为重要的活动做思想准备等（有些人用这样的时间来打电话）。

■ 怀念

示例

1. 我想念家乡了。

2. 我怀念度假的时光。

3. 每次我看这些照片的时候，都觉得好怀念，那实在是我生命中最美好的时光啊！

什么是怀念之情？

怀念之情是悲伤的一种形式，有三个特征：悲伤的强度通常比较低；与过去的一些情景有关，而这些情景从多个角度来看都是令人满意的；由某些留有我们美好记忆的特定情景或动作再现引发。

怀念有什么作用？

正如悲伤一样，怀念之情反映了情感层面的情绪缺乏。这种缺乏不算严重，也不是很重要，但仍是一种没有被满足的需求。想念家乡，是想念家乡让"我"舒服的一些人、事、物（示例1）。怀念假期，是因为突然没有了活动、与人的接触或令人振奋的生活（示例2）。翻看照片让"我"意识到自己在这个时刻缺乏所需要的情感滋润（示例3）。

如何面对怀念？

我们用怀念的方式表达自己的需求，仿佛只有回到过去那个场景中，我们的需求才能被满足。这是怀念之情麻痹人的地方。如果反过来，我们试着从回忆中找出那些曾经让我们满足、让我们怀念的因素，就可以摆脱让人麻痹的困境。这时，怀念之情就成为一个机会，让我们去寻找满足感，甚至在当下重现那些可能让我们满足的情景。

恐惧

与恐惧相关的情绪体验

担忧、惊骇、惊惧、惊吓、恐怖、忧心、怯场、忧虑、担心、惊恐、恐惧症

示例

1. 我开着车，旁边一辆车的司机似乎失去了控制，我好害怕被他撞到。
2. 我害怕被海浪冲走，然后溺死。
3. 我担心如果我表达愤怒，我的爱人会离我而去。

什么是恐惧？

恐惧是一种预见性情绪，它提醒生命有机体可能会遇到的潜在危险。那些危险不是现在发生的事，而是在或近或远的将来（几秒钟后、几天后）会发生的事。

恐惧是主观感受

对于危险的评估总是主观的，所以恐惧就像其他情绪一样，也是主观的。在示例 1 中，我们会倾向于认为这种害怕是"客观的"，但其实它并不比另外两个示例中的恐

惧更客观。因为如果一个赛车手遇到这样的情况，他会觉得这是一个挑战，而"我"担心的是会发生车祸。对于情境的诠释如此不同，是因为我们作为司机的经验和灵活程度不同。

恐惧是否符合现实情况

我们感知到危险后就会产生恐惧，即便这样的感知不见得符合现实情况，而我们无法避免自己去感知它。在感知形成的过程中，想象力扮演着重要的角色。感知这个心理活动由四个要素组成：事实、情绪、想象和判断[6]。

对恐惧的感知是一种预期，即对可能发生的事情的想象引发了情绪。正如示例 2 中对被海浪冲走、溺水的恐惧对某些人来说可能是不现实的，可对于不熟悉海浪或害怕水的人来说，合情合理。水性不好的人会想象自己被海浪冲走，或被海浪卷入水中几秒钟，而这些足以让他惊慌失措。但预期中的事情真正发生的时候，并不见得致命。只要在这个过程中采取行动，我们就可以改变事情的走向。例如，在可能发生车祸的情况下，感知到危险可以让我们避免事故的发生：快速分析失控汽车的路径，然后开车远离它。

6　同上。

在人与人的关系中也是如此。例如，在示例3中，"我"担心"我"的爱人受不了"我"表达不满和愤怒的情绪。"我"这样担心，是因为过去经常发生这样的事：每一次"我"表达不满的时候，他就责怪"我"，然后在一段时间内远离"我"。但"我"可以改变这样的关系模式。如果"我"的不满合情合理、不过分，"我"可以请他试着去想一想是什么原因让他每次都拒绝这一特定情绪。有可能随着时间的推移，随着他个人的成长，"我"可以在不用担心关系破裂的前提下表达这一类不满情绪。

恐惧的生理反应

伴随恐惧而来的是一系列生理反应。当身体感知到危险时，肾上腺会分泌更多肾上腺素，身体准备好进入逃跑或防御的状态：心跳加速，思维敏锐度上升，身体分解脂肪以提供更多能量等。而只有在危险过去的时候，我们才会感受到恐惧所带来的生理反应的强度。正是在这个时候，我们放松了下来，才开始全身颤抖，意识到刚才避开的情况有多危险。

恐惧有什么作用？

恐惧提醒我们可能存在危险。它所提供的信息让我们知道应该采取哪些措施来保护自己，从这个角度来看，恐惧非常宝贵，对生命来说甚至是必不可少的。动物也有恐惧这一保护性的情绪。话虽如此，我们在恐惧时会有各种各样的反应，这些反应有时很符合实际需要，有时候却会让我们失去行动力。

麻痹

在有些情况下，麻痹是极其有效的保护性反应。如果看到匪徒持械入室，最好躲起来不让自己被发现，不要试着逃跑或害怕得尖叫。然而，在开车遇到危险时，避开危险一般比被动等待更有效。

回避

我们很容易不加区分地避开所有让我们害怕的事情，但是这样生活我们会越来越受限制。如果想更自由，我们就需要驯服恐惧。

我们要在哪些恐惧的哪个方面投入精力、投入到什么程度，取决于这些恐惧能带给我们什么。有些人花大量精力去战胜恐高，因为他们很喜欢爬山。但他们不见得会去挑战公开演讲或在媒体面前表演，因为这些在他们眼中并不重要。所以，重要的是评估驯服恐惧和避开恐惧二者所得到的结果。

否认危险

与回避相反的是所谓的"反恐惧"行为，这样的人低着头向前冲，显然对危险一点也不敏感。这些人弱化危险或认为危险并不存在，这样的态度让他们要么投身到超过他们能力的冒险中，要么忽视能减少危险的预防措施。

如何面对恐惧？

首先，我们必须始终接受恐惧所传达的信息，因为这些信息表达的就是我们自我保护的本能。自我保护的本能是生命力的表现，能够在最大程度上让生命延续下去[7]。

然后，很重要的是要确认危险是否真的存在。恐惧确实是对情况进行评估后发出的警告，所以我们要判断自己的感知是否准确，这样才能在必要的时候准备好去面对危险。

在示例 1 中，恐惧警告"我"存在潜在的危险，所以"我"迅速进行确认："我"观察那辆车的行径，确定它的

7　Jean GARNEAU, Michelle LARIVEY, « Une théorie du vivant », http://redpsy.com/infopsy/vivant.html.

速度，推测它可能朝哪个方向开去，会怎么开，"我"估算自己相对于它的位置、其他车辆的位置等。这些心里的计算，让"我"采取措施避开车祸或把损失降到最低。在示例 2 中，"我"只有真正去面对海浪，才能评估可能遇到的危险。有人建议"我"冒个险，他们觉得不会有溺水的危险。"我"很可能同意他们的说法，但这并不能减轻"我"的恐惧。所以"我"还是需要让自己接受挑战，去确定对自己来说真正的危险是什么。根据"我"的害怕程度，"我"慢慢"试水"，开始冒险。在示例 3 中，"我"担心爱人会离开"我"，因为"我"已经察觉到对方不满的迹象。可能是"我"爱人真的不满，也可能是他没有不满，是"我"将自己的不满归因于他。"我"需要仔细去查看这些不满，才能知道"我"的表达会给关系带来怎样的实际影响。这样，恐惧对"我"来说就很有意义，让"我"在面对关系的时候不得不进行改变。

最后，我们必须驯服恐惧的对象。恐惧可能会阻碍我们达成目标或让我们无法成长。男人若害怕外表漂亮、事业成功的女人，就无法开始一段可能给他带来激情的、充实的关系；冲浪运动员若害怕大浪，发展就会受到限制。这些发现通常会成为我们解决问题的动力。至于驯服，根据定义是分阶段进行的：一点点接触让我们害怕的对象，不断增加接触，并且坚持下去。

属于"预见性情绪 / 恐惧"这一系列情绪的变化

不安全感（伪情绪）是我们相信自己处于危险当中的一种状态，我们在很多方面都会体验不安全感：情感、知识、物质、职业。它可能涉及各种各样的主题：我们的技能、我们的认知等。从心理学的角度来看，不安全感是缺乏自信的同义词[8]。

如果在恋爱关系中，我们总觉得自己不是对方真正渴望的人，就可能会缺乏安全感（或自信）。在这种情况下，我们有可能会被自己喜欢的人忽略或拒绝。不安全感也可能存在于物质层面，当我们没有足够的经济能力对抗不可预见的意外时，可能会有潜在的不安全感，它们会在一些带来危险的事件（疾病或失业）发生时显露出来。有时，我们在表达自己的时候也会缺乏安全感，因为不太确定能否准确地表达自己的感受或不知道该如何面对他人，面对这些情况时，我们就会感到害怕。

因此，不安全感包含了自信的缺乏，而自信的缺乏就表现为各种恐惧。如果我们对自己的能力不自信，原因就

8　Jean GARNEAU, « La confiance en soi », *Les Émotions...*, *op. cit*, pp. 119-138.

是害怕失败。当不安全感与外在因素有关时，我们惧怕的就是这些外在因素带来的危险。

忧心是强度较弱的恐惧。

担忧也是强度较弱的恐惧。

怯场（复合情绪）是在公众场合上场前所感受到的恐惧和兴奋的混合体：想到我们的表现非常成功时的兴奋和对失败的恐惧。当我们与观众建立了令人满意的联结，他们对于我们表现的反应让我们感到安心时，怯场就会消失。

惊吓反映的是非常强烈的恐惧，它持续的时间通常较短。

惊骇是掺杂着恐怖感的惊吓。

惊惧是一种剧烈的、突然的恐惧，由某种非比寻常、具有威胁性的事物引起。

恐怖是一种极端的恐惧，往往让人失去行动力。我们感知到的危险如此巨大，以至于我们完全无法采取行动。

慌乱是不安的表现，由强弱不等的恐惧引发。而且慌乱一旦开始，通常会在不知不觉中壮大（如惊恐），因为在这个情绪中，我们已经部分失去了与引发情绪的人、事、物的联系。

关于担心*，还有其他那些当我们压抑自己所害怕的情绪或避开内心某些想法的时候产生的情绪体验，如忧虑*、

焦虑 *、惊恐 *、恐慌 * 和恐惧症 *，读者可以在本书中找到相应的说明。

■ 快乐

与快乐相关的情绪体验

喜悦、幸福、全福、欢欣、狂喜、愉快、愉悦、享乐、快感、欢喜、迷恋、赞叹

示例

1. 我攀岩的时候很快乐。

2. 感官的愉悦、审美的愉悦。

3. 阅读是让我最快乐的事情之一。

4. 我与这些人的关系总体上是很愉快的。

什么是快乐?

生命是充满了需求的存在。快乐就是生理需求、情感需求或认知需求得到满足，或生命的其他方面和谐运转所带来的感受的总称。快乐所涵盖的情绪的另一端，是不快乐（不舒服、不满、烦恼、痛苦）。快乐这个词有大量同义词，这些同义词定义了各种各样有着细微差异的满足的体验。

快乐有什么作用？

当我们的需求（甚至可能是任性的需求）得到满足的时候，当我们按照自己的想法做事的时候，我们就会感到快乐。快乐的强弱程度取决于需求、意愿的强烈程度，以及被满足的程度。

如何面对快乐？

正如面对其他情绪一样，我们需要充分地感受快乐，感受它的强度。只有这样，我们才能"完整"地体验情绪，即识别该情绪对我们的重要性和意义，并以"统一的行动"表达出情绪。

属于"满足／快乐"这一系列情绪的变化

喜悦表达的满足感是非常饱满的。只有在一个非常重要的主题上得到满足，且整个人都感到满足时，我们才会感到喜悦，所以说喜悦是饱满的、全面的满足。喜悦可以是深沉而安静的，也可以是激烈而兴奋的。喜悦与快乐不同，喜悦不是身体感受上的满足。虽然喜悦也可以用来表达快乐，但从本质上来看它比快乐更加内化。喜悦充盈我们整个人，与幸福感不同，它是一种较短暂的情绪。

　　幸福不是一种情绪，而是一种状态，它由好几种表达满足的情绪组成，包括个体在很多关键领域的喜悦和快乐。虽然幸福由不同强度的情绪组成，但它是一种平静的情绪体验，持续的时间可长可短。一旦迫切的需求得到满足，幸福的时刻就会到来。例如，我们累坏了，比起睡觉，其他都显得不重要了，这种时候，幸福就是一张温暖舒适的床；口渴的时候，幸福就是喝到一大杯水；经过漫长的等待，终于投入了爱人的怀抱——在那个时刻，这是唯一重要的事情，也是完满的幸福。

　　全福描述了幸福的完美状态——我们生命中重要的部分都达到了顶峰的满足状态。

　　欢欣是极其强烈的满足感，同时伴有兴奋、激动。

　　狂喜是极度喜悦带来的狂热状态。

　　愉快是强度小、持续时间短的快乐。

　　愉悦即我们可以仔细"品尝"的快乐。

　　享乐即我们可以充分享受的愉悦，通常与感官、认知或审美相关。

　　快感是感官能够享受到的强烈的愉悦感。

　　欢喜是非常强烈的喜悦，发生在满足的强度超出了我们期望的情况下，可以让我们焕发光彩。

　　迷恋是被迷住的时候所感受到的强烈的愉悦感。

赞叹带来一种愉悦，混合着对于非凡事物的惊讶和敬佩。

■ 伤心

同义词

痛苦、悲伤、伤痛

示例

1. 今天我很伤心，我也不知道怎么了，生活里一切都很好啊！

2. 有人善待了我，我先是隐约觉得感动，然后就有点难过。

3. 我参加了一个远房表亲的葬礼，我很惊讶自己竟然如此悲伤。

什么是伤心？

伤心是单一情绪。当我们失去了所珍视的对象（如亲朋好友或宠物）时，由此引起的情感上的缺失情绪就是伤心。当我们错过了重要的机会，或错过了在我们看来有价值的东西的时候，也会感到伤心。这种时候，伤心反映的是情感需求没有被满足。我们主观认定的失去或缺失越大，感受到的伤心就越强烈。我们不能详尽地列出所有带来伤心的情感缺失和情感需求。然而，不管是伤心，还是其他情绪，只有完全地感受它们，我们才能确切地知道情绪背后的需求是什么。

➡**示例 1**

我沉浸在伤心中（沉浸[9]），同事的离开让我失去了工作中唯一的支持。他离开公司已经一个星期了，我却没有真的感受到他的缺席，也没有一刻停下手中的工作。但今天早上，在我需要他的时候，我才意识到他的离开让我心烦意乱。他的离开在我看来是一种损失，我允许自己为此难过。

➡**示例 2**

起初，我因为对方善意的行为感到高兴，但很快，伤心就取代了高兴。在感受痛苦的时候，我意识到一些几乎没想过的事：我需要温柔，一种可以让我感受到自己对别人也很重要的温柔。这个事件发生的

---

9 请参考第二章，该章节专门解释情绪过程。

时间完全出乎我的意料。我感到快乐，但更多的是因长久以来没有感受到的这种温柔而累积的伤心。

➡示例3

显然，我的伤痛跟这位远房表亲没什么关系。我的脑中浮现的更多的人是多年前去世的哥哥。这是充满回忆的伤心，我过去从来没有完整地去感受它，现在它再次浮现出来。

愤怒或伤心

接受自己的伤心，就是接受自己的某种脆弱。那些无法接受自身脆弱的人，会把伤心转化成愤怒，然后把注意力集中在人、事、物上，他们认为这些人、事、物该为他们的挫折感负责，甚至可能在思想、言语或行为上攻击这些人、事、物，以至于他们有时会钻牛角尖，无法真正连于自己的需要。这种注意力的转移，也会导致人与人的关系进入无休止且毫无益处的争斗中。尤其在婚姻生活中，多少争吵都是由拒绝表现出脆弱，拒绝让对方看到我们真实的情感需求而导致的？

另一些人则相反，愤怒或表达愤怒让他们感到不舒服，他们在愤怒或暴怒时反而比较容易哭泣。哭泣时的伤心表达的既是挫折感，也是无法获得满足的无助感。最后还有一些人，他们的挫折感或情感缺失会以充满敌意的抱怨出现，这种转移会让他们进入情绪体验的死胡同。

伤心有什么作用？

伤心是情感缺失的标志，若伤心一直持续，说明情感缺失也在持续。

去感受伤心，并不能填补情感缺失，正如完整地体验愤怒也不会让我们感到满足。然而，感受伤心却能让我们确定自己待满足的需求。我们经常听到类似的抗议："我一直为此流泪，我不该再为此伤心了啊！"这样说就是错误地理解了伤心的功能，就像汽车的燃油表指示灯亮了，我们以为不用加油指示灯也应该在一段时间后自己熄灭！如果不加油指示灯也会熄灭，我们就会忘记加油，然后引擎就坏了！伤心就是指示灯，指出我们的需求仍未被满足。如果指示灯熄灭了，我们就真的危险了！值得一提的是，若使用抗抑郁剂或自我麻痹等方法人为地抑制伤心，我们就会失去生命的平衡。

持续的伤心反映的是情感缺失一直持续着。例如，我们在意的人离世了，如果我们没有找到一段同样丰富的新关系，伤心会一直持续下去，还会不断扩大。

如果我们的情感需求一直处在缺失状态，就会对生活产生各种各样的影响：我们会觉得缺乏精力，越来越没有热情去做那些可能带来满足感的事情。而满足感能够在心理层面给我们带来精力，所以我们就很容易进入一个恶性循环：我们需要满足感，却不想也没有精力去做让我们脱离满足感缺失的困境的事情[10]。

失去至亲所感到的伤心[11]是一种可能会持续很久的伤心，好好去面对它非常重要。这个人在我们的生命中越重要，在我们的情感中越会占据重要的位置，我们就越会强烈地感受到失去他所带来的缺失情绪。如果这个人参与了我们生活的各个方面，我们更会体验到深切的痛苦。

我们需要这样体验自己的伤痛、痛苦：回忆与他在一起时的所有时光中的细节，回忆他的陪伴让我们满足的时刻。通过彻底地哀悼，我们可以知道他曾经让我们的哪些需求得到满足，以及这些需求之间的微妙差别。逝去的人越是在我们的日常生活中占据重要的位置，这个哀悼的过

10 Jean GARNEAU. «Le *burnout* : prévention et solutions». http://redpsy.com/infopsy/burnout.html.

11 Jean GARNEAU. « Deuils et séparations ». http://redpsy.com/infopsy/deuils.html

程就会越长。但只有彻底的伤痛过后，我们才能转向其他重要的关系，让自己的需求得到满足。

如何面对伤心？

伤心不等于抑郁，但忽略情感需求会导致抑郁，所以去感受伤心至关重要。但很多时候伤心刚刚显露出来，我们就会立刻质疑它，例如，我不知道自己为什么要哭 (所以我不哭了)；哭有什么用，像什么样子 (更别提我的妆都哭花了……)；我哭了好久，这不会改变任何事情；我为自己感到难过，但肯定有人情况比我糟糕得多；我担心陷入无边的伤心之中，怕自己陷入抑郁之中。

所有这些质疑在伤心面前都站不住脚。当然，为了让伤心结出果实，我们必须充分地体验这种情绪，即在情绪过程的每个阶段都不去限制它，就如下面这个示例：

我跟孩子们一起去看电影。看到鸭妈妈被猎人杀死，小鸭子们绝望地四处找它，我感到非常难过，难过得我自己也很惊讶。我容许自己把情绪表达出来：我伤心极了，眼泪肆虐。电影的很多画面停留在我的脑海中，每一个场景都让我很伤心，其中有些让我特别伤心的场景：小鸭子们躲起来时非常害怕的样子，它们非常无助的样子。我想到几个月后，我和妻子就要离婚了，我的孩子们在那个时刻也会如此无助。让他们经历这样的事我很心碎！我敢肯定当他们离开的时候，我会很沮丧、绝望、痛苦。我没心情再看电影。无数次我都在考虑离婚之外的可能性，因为让他们不得不经历父母的分离，我觉得很无助，但选择继续和我的妻子生活下去也不会好到哪里去。

很明显，我只有一种可能：在决定性的日子到来之前，多花时间跟孩子们在一起，做一些对我们都有益的事。如果可以的话，在那个日子之后也这样做。这个想法让我冷静了下来。我立刻伸手去摸了摸女儿的头，她抱住了我，我哭了。我看着他们，她和她的弟弟都沉浸在电影中。我告诉自己，每一分钟都很重要，我要好好享受每一个时刻。现在，我不再伤心了，我充满了喜悦：他们就在我的眼前，在我的身边，看着他们，我就觉得高兴。

属于伤心这一主题情绪的变化

低落是"抑郁"的同义词。

抑郁表面上是一种心情，是伤心和不满的混合体。

伤痛是非常强烈的悲伤，有时会产生生理反应，如胃痛、心脏痛，这些是为了抑制悲伤而产生的肌肉痉挛。当身体疼痛消失的时候，我们就开始体验到悲伤了。

伤感就是持续的、深切的、绝望的悲伤。

不幸反映了一种不满足的状态，这种状态可以表现为悲伤，也可以通过其他情绪表现出来。

阴郁是模糊的、阴沉的悲伤，其中夹杂着恼怒。

怀念之情 * 是悲伤的一种形式。我们怀念一个地方或一段经历，它们与现在形成鲜明的对比，这唤起了我们曾经有过的安逸和幸福感。

关于忧郁 *、绝望 * 和怀念之情 *，读者可以参考本书中专门讨论它们的章节。

第四章

复合情绪

复合情绪看起来很像一种情绪，但通常是多种情绪的混合或我们用于掩饰真正的感受所使用的"伪装"。这样的掩饰有时非常有效，连我们自己都会被骗。与我们打交道的人除非经验非常丰富，否则很容易被我们欺骗。

■ 怨恨

示例

1. 我因为兄弟姐妹们对待我的方式而一直对他们怀恨在心。

2. 时隔多年，想起上一段婚姻，我的心里仍然充满了怨恨。

3. 我对生活充满了怨恨，因为我一直以来都太难了。

什么是怨恨？

怨恨混杂着愤怒和悲伤，有时还有失望。我们经历了自认为不公平的事情，就会感到怨恨。我们觉得这些经历非常苦涩，因为在我们看来，让我们遭受这些的人原本可以避免这些事情的发生。换言之，我们觉得自己被错待了。

气愤是面对不公平的一种反应，怨恨里面有着气愤中没有的顺从。在怨恨中，愤怒不会像在气愤中那样被调动起来，我们仿佛一个袖手旁观之人，让愤怒和悲伤无止境地发酵。

怨恨是苦涩的恨（但恨不总是苦涩的），怀恨是经久不散的愤怒，之所以经久不散，是因为从未被真正发泄出来过。对怨恨来说也是如此，如果我们没有采取必要的措施完整地体验情绪过程，并结束这个过程，怨恨就会一直持续下去。

怨恨中特有的"苦涩感"，来自"受困"、堆积的情绪。这些情绪从未被完全表达出来过，要么是因为我们觉得我们的倾诉对象太沉闷，要么是因为我们觉得做出反应太危险，要么就是因为我们没有可表达的对象（当我们的对象是机构而非人的时候，比如政府部门）。强烈的情绪堆积在我们的内心，破坏着我们的生命。

怨恨有什么作用？

怨恨，说明我们痛苦的伤口仍未结痂；怨恨，证明我们没有彻底体验令人难过的情绪过程。例如，我们未能完全地把情绪表达出来，或者我们没有在尊重自己的前提下按照实际情况采取行动。示例 1 中，"我"忍受了兄弟姐妹们不公的对待，没有跟他们表达他们给"我"带来的伤害，没有按照"我"内心的强烈感受做出反应。示例 2 中，"我"在离婚后还有很多事留在心里。随着时间的流逝，"我"却什么也做不了，无力摆脱自己的怨恨。示例 3 中，"我"觉得自己和家人不断忍受着生活的不公对待，却很无奈："我"又能怎么办呢？"我"面对的无法理解的不可知力量可能就是"我"的命运，"我"还能说什么！

如何面对怨恨?

我们并不总是能够清楚地感知到怨恨，它可能藏在过去的记忆中，我们很少想起来。然而，当它影响了我们现在的生活，并消耗了我们非常多的精力时（如让我们成为失败主义者或愤世嫉俗的人），放手就显得很重要了。但要怎么做?

让沉睡在怨恨之下的情绪重现。如果很难确定这些情绪到底是什么，请让自己重新置身于当时的情境当中，试着想起引起怨恨的事件。尽量将这些事件写下来——不只在脑子里想一想——也会让这个过程轻松一些。此外，还需要给这个过程足够的时间，才能达到我们想要的效果。

然后，花时间等待这些感觉成形，从内心深处找到合适的方法去体验未完成的情绪过程。

陈述那些本该表达却未曾表达的东西。

➡示例 2

你从未接受我们分离这个事实，但你我都知道，我们在一起不会幸福。你总是把问题归咎于我，从未想过我们关系变差你也有责任，却让我承担后果。你利用整件事让我付出了惨痛的代价，尽管我对你的态度并没有任何问题。你甚至不惜一切夺走我们的儿子。十年过去了，你无情的报复成功了。你完全不在乎孩子也是我的，他爱我，我也爱他，他需要父亲，而我一直很会照顾他。而且，你还利用了我对你的"依赖"，为此我非常生你的气！但我从未向你表达过我的愤怒和气愤，因为我知道表达之后我要承担严重的后果。我最在意的还是不想被迫跟儿子分离。你知道这一点，还把这一点当作了武器。顺便说一句，你也没有考虑儿子的感受。

现在我不在你的控制之下了，弗朗西斯也完全不再在你的控制之下了！我终于可以畅所欲言了！我恨你，从心底深处恨你，尤其在这些年你刻意给我制造了那么多痛苦之后！你的所作所为很卑鄙，我对此深恶痛绝，也很藐视你！对我儿子的母亲、我曾经爱过的女人有着这样的感受，我感到很遗憾，但我实在无能为力，因为你刻薄、无情、暴躁、凶狠。

我现在说的话不会对我们的过往造成任何影响，但这是第一次，我终于可以说出心里话，这对我的帮助非常大。

找到向相关人员或相关机构[1]表达情绪的最好的渠道：

1　Gaëtane LA PLANTE, « L'expression qui épanouit », *Les Émotions...*, *op. cit.* pp. 73-91.

面对面交流或用其他方式，如写下来。当无法联系需要表达的对象——因为遇不到这个人或这会让我们害怕，场景演练也是个方法：我们可以想象这个对象真的在场。如果怨恨很深，即累积了非常多未完成的情绪，我们可能需要多次尝试才能真正摆脱它。

■ 爱

爱所涵盖的情绪

同理心、依恋、温柔、深情、激情、珍惜、爱慕

示例

1. 我喜欢公平和正直。

2. 我非常热爱大自然。

3. 我爱我的父母。

4. 我深爱我的妻子。

5. 我疯狂地爱上了一个人。

什么是爱？

爱是对能给我们带来满足的对象自然引发的动态的情感。这个情感诉求的对象可以是一个生命体、一件物品，

也可以是一个想法。我们可以强烈地爱着我们的孩子、某个地方，抑或充满勇气的行为，只要这些对象能够带给我们满足感。有时即使只有被满足的希望或可能幸福的想象，我们甚至都可以感受到爱。

爱本身不是一种情绪，而是包含了好几种情绪的复合情绪体验，它可能是所有情绪体验中最复杂的一个。它所涵盖的情绪，包括喜悦、吸引、渴望、温柔、尊重、依恋等。爱的情绪体验也经常包括愤怒或怨恨，还有脆弱感。不管如何，有一个因素是保持不变的：我们所爱的对象会带给我们安适或幸福。更确切地说，我们所爱的或我们认为"好"的对象通常是看起来能够满足我们需求的人、事、物。他们或许已经回应我们的需求，或承诺能够满足我们的需求，所以在我们的主观感受上，他们是我们幸福的源泉。

此外，强烈而深刻的爱带着尊重的印记，这种尊重能振奋人心。这样爱着我们的人激励着我们，与他们接触的时候，我们倾向于做得更好，更能够利用自己的潜能并超越自我。

我们有时会混淆想象中的爱与真实的爱。青春期的少女对流行歌手的迷恋，这种主观情绪体验在情感和强度上类似于爱，但缺乏爱的最基本要素：与所爱对象真实的接触。她们感受到的满足是由想象触发的。为了探索爱是什么，类似于模拟机制的体验会非常有效，因为这种体验可以帮助我们学习并了解爱的强度，但这显然也无法与能够提供真正接触而获得的情感滋养混为一谈。

我们还应该区别爱情和爱。在爱情中，快乐来自被爱，而不是对方的为人。不管是男人还是女人，用欣赏的眼光去尊重对方，是爱情关系中最重要的部分，在爱情的关系中，满足感首先来源于此[2]。

我陶醉于他对我的喜爱，以及他给我带来的满足：他关心我；我一出现，他就热切回应；我看到他对我有很深的渴望。他看我的眼神——而不是我们的身体接触，让我感到高兴。他在的时候，我觉得自己非常重要。

正如上文的几个示例所表明的那样，我们用"爱"这个动词来表达不同类型的吸引力，尽管涉及的领域和情感强度差别很大，但本质上是相同的：爱的情绪体验。

2　Jean GARNEAU, « Les mythes amoureux », http://redpsy.com/infopsy

➡示例 1

我喜欢公平和正直：这两个价值观在我眼中非常重要。我希望大家尊重它们。如果有人破坏了公平和正直，我肯定会去捍卫。

➡示例 2

与大自然的接触给我带来各种各样的满足。我感受到好几种可以带来满足的愉悦：审美的愉悦，在生命的力量前的赞叹，生命的脆弱和惊喜，在某些活动中体验到的感官享受，身体活动带来的快乐。说到底，大自然给我提供了满足许多种需求的机会。

➡示例 3

我对父母的爱由很多种感情组成：我依恋他们，我在意我们的关系，对他们有着深厚的感情。我的爱当中也可能有对他们的尊重，以及对于他们为我所做的一切的感激。但也有可能我的爱是同情，即一种"希望他们好"的情感取向。

所以，爱涵盖了情绪体验的方方面面。当爱的对象是人或动物时，会包含不同程度的深情。

友情、爱情、激情都属于这个范畴。这些情感，正如爱的其他形式一样，代表了所爱对象带给我们的情感价值。热爱的对象可以是人，也可以是一项活动，这两个对象的共同点就是它们能够以非常愉快的方式满足我们基本的需求。

➡示例4

当她在场的时侯，我就会感到无与伦比的幸福，我对她的爱建立在幸福感之上。她接纳我最真实的样子，从来没有人像她这样，她是唯一的一个！在她面前，我敢做最真实的自己，这对我来说比什么都宝贵！

另外一个可能的版本：

我对这个男人的激情始于我们的身体接触及性关系所带来的强烈的快感。我需要强烈地感受到被爱，作为女性，我需要对喜欢的男性产生强大的影响，这两个需求都支持着我们的关系继续下去。

➡示例5

我对帆板运动的热爱源自我所感受到的快乐，当我能够很好地控制自己的力量、敏捷性和平衡感的时候，快乐就会到来。这项运动增加了我对大自然的热爱，我接触到大自然中的水、空气、风时体验到了感官的愉悦。最后一点，也是非常重要的一点，在这项运动中，我要面对大海的力量、海浪和风暴的强劲，我欣赏它们的自然之美。在其中，我很感动，我喜欢这些强烈的感觉，有时候这些感觉会转化成很深沉的喜悦。

爱有什么作用？

爱是需求的指标，它表明我们可能有基本的需求，也可能有类似于"心愿"这种不太基本的需求。当我们"爱……"的时候，我们会假设在所爱的人、事、物身上能够找到这些需求被满足的迹象，无论这些假设是对的还是错的、满足是真实的还是潜在的。

例如，青少年对异性的吸引力和身体接触的需求是非常强烈的，甚至比其他需求更重要。他们会把目光投向第一个表现出能够满足这些需求的陌生人身上：他英俊，所以有吸引力；他强大，所以能对我产生巨大影响；他自信，所以让我觉得积极、安心……

一见钟情

迫切需要被爱或确认我们对异性的吸引力，并不是青春期特有的需求。那些相信一见钟情的人也有这样的需求：他们把被对方强烈吸引、不由自主地爱上对方的事实，看作不可反驳的证据，证明自己可以在对方身上找到满足自己的情感需求。接着，随着越来越了解对方，一见钟情的人往往会心灰意冷。一见钟情是认为对方有满足自己的可能性而爱上这个人的典型现象。而在一段有毒的关系中一个人爱上另一个人，也是因为里面有想象中的满足感[3]。如果不能识别受害者因为移情现象投射在施害者身上的光环，我们很难理解这种吸引力[4]。在这种情况下，受害者试图从对方身上获得非常重要的身份认同，但这种尝试通常都不会成功[5]。

在真实中去爱

我们爱一个人，是因为这个人让我们觉得自己的情感被滋养了；我们喜欢一项活动，是因为这项活动给我们带来强烈的快乐。根据满足感的强弱程度和等级，爱以同理心、深情，甚至激情的形式出现。

---

3 Michelle LARIVEY, « Besoins humains et dépendance affective », http://redpsy.com/infopsy/dependance.html

4 Jean GARNEAU, Michelle LARIVEY, *L'Auto-développement...*, *op. cit.*, pp. 185-215.

5 Michelle LARIVEY, « Conquérir la liberté d'être soi-même », http://redpsy.com/infopsy/noeuds3.html

如果我们希望更清楚地理解自己爱的感受，我们需要明白我们爱的到底是什么。确定好这一点，我们可以轻松地识别出爱所回应的需求和它在我们心里唤醒的心愿。

如何面对爱？

首先需要识别与爱相关的需求。爱我们的人给我们提供了情感、感官享受和精神食粮，这些对我们来说真的很重要。如果想知道在关系中我们在这些方面是否真的满足了（或将来是否真的可能被满足），我们可以问问所爱对象给我们提供了什么。强调一下，更加清楚自己的需求可以让我们更好地满足自己的需求。所以，我们必须清楚地区分满足需求的方法和需求本身。我们有时出于方便，有时出于无知，会经常说："我需要某人。"而正确的表达方式应该是："我需要自己的价值被肯定。这个人真的很欣赏我，他让我知道这一点，所以他对我来说很重要。"

如果我们能够区分满足需求的方法和需求本身，在没有获得满足感的时候就更容易进行重新调整。在某些情况下，是我们使用的方法不合适，因为需求永远都不会不合适。

例如，我很想跟男朋友确认我在他生活里的位置，因为我完全不觉得我是最能够满足他的人，那么多女孩子比我漂亮、自信。为了让我安心，我经常让他吻我并对我说爱我。甚至，我会不断跟他重复：他肯定更喜欢某个又高又瘦、更有气质的女孩子。一开始，他还会回应我的要求，并向我保证他更喜欢我。但这一段时间以来，我说的话让他很恼火，而且他会毫不犹豫地说他很生气。而这，让我变得更加没有安全感。我陷入了困境，该怎么办？

在这个示例中，"我"的需求并没有被表达出来，很有可能"我"根本不知道自己的需求。"我"表达出来的需求就是吻、爱的表白。只是，这并不是"我"真正寻求的满足，所以它们不能扮演应有的角色——滋养，即满足"我"的需求，从而让"我"感到安心。这样一来，"我"需要被满足的需求从未得到过满足。

当一段关系让我们无法获得满足的时候，我们需要重新进行调整。例如，"我"可以更直接地表达，让男朋友知道"我"不太确定自己的价值，没有安全感；告诉他他的看法对"我"来说有多重要，因为"我"尊重他；问清楚比起其他优秀的女同事，他是否更喜欢"我"，还是他跟"我"在一起仅仅是因为追不到她。以下是其他重新调整后的示例：

长期以来，我一直在表达自己的亲密需求，我需要被拥抱、被抚摸。我经常向妻子提出我的性需求。我一直很有耐心，因为我知道她很忙。不幸的是，我不得不面对事实：她不是我所期待的充满热情的女人。我接受事实，寻找其他人的安慰。

或者：

我本来以为这个舞蹈课可以让我结识新朋友，还能让我保持身材。但现实并非如此，所以我决定放弃这个课程，搜寻另外一项更能满足我需求的活动。

我们也需要接受我们所爱的对象会改变这一点，因为需求本身就是动态的。需求被满足后就会消失。有些关系到我们的身份认同的需求，一旦彻底被满足，甚至会永远消失。例如，我们一旦确认自己作为人的价值，就不再需要重新去确认了。这样的确认不仅会改变我们与人相处的方式，也会影响我们选择与哪些人相处。

■ 内疚

内疚本身不是一种情绪，而是多种情绪混合在一起的情绪体验。这些情绪体验包含感觉，但这些感觉不总是直接由内疚引起的。当我们说"感到内疚"的时候，如果我们想确切知道自己内心的经历，就需要仔细地分析内疚的成分。内疚分为良性内疚和不健康的内疚。

◎ 良性内疚

示例

我的朋友失信于我，我被愤怒冲昏了头脑，冲动地大骂了她。我的攻击见效了：她吓坏了，而且感到很受伤。但我也慌了，深深感到内疚。

什么是良性内疚？

良性内疚是当我们有意识地违背自己的价值观而行事的时候产生的情绪体验。良性内疚总是包含两件事：偏离了自己的价值观或标准、在做与不做二者之间做出选择。

"我"的言语非常冲动，并不意味着"我"没有选择行动的自由：愤怒没有冲昏"我"的头脑，"我"只是没有去控制自己的愤怒罢了。

良性内疚有什么作用？

"内疚"这个词涵盖了一系列情绪。在示例中，"我"

因为破坏了自己的原则而生自己的气。"我"虽然并不认同这种不公平的伤害，可就在刚才却做了这样的事。"我"责怪自己屈服于冲动，也很抱歉伤害了自己的朋友。"我"很后悔，她不应该被这样对待。所以，"我"的行为让内心失去了平衡。这种不平衡主要是对自己的不认同。内疚感让"我"知道，"我"没有遵守自己的原则，而"我"本来是可以遵守的。

如何面对良性内疚？

良性内疚与后悔很相似，面对内疚的方法跟面对后悔的方法相同：承担自己行为带来的后果，并弥补实际造成的伤害。在这种情况下，我们需要区分道歉、修复和后悔。

内疚可能让我们开始自我检视，我们也会因此希望改变激发行为的动因，例如努力克服冲动，学习更好地表达愤怒和失望，而不是通过伤害或羞辱来表达。

◎掩饰性内疚

掩饰性内疚[6]是一种不太健康的内疚，"掩饰性"这个

6　掩饰性内疚即罪疚感。——译者注

形容词马上揭示了其"恶"的性质。

示例

我妹妹非常希望跟我和我男朋友去度假，她刚刚失恋，我知道她此时需要陪伴。我很爱我的妹妹，很难拒绝她的要求。如果我拒绝了，她肯定会非常失望。但对于我和我男朋友来说，带着她度假意味着做出很大的牺牲。我想我会拒绝她，但同时也在想要怎么跟她说，我觉得自己特别自私，很有罪疚感。

什么是罪疚感？

罪疚是我们为了让自己的经历更容易被他人甚至被自己接受而"修饰"情绪体验的一种情绪。这种内疚其实是戴上了面具的拒绝，拒绝承认自己的欲望、感受、选择、行为，还有想法或想象。在上文的示例中，"我"知道自己想要什么，但显然"我"没准备好公开说出来。很可能"我"会找个借口不邀请她，或告诉她没有邀请她"我"很内疚。

为什么罪疚感是复合情绪？因为它包含了好几种掩饰得很好的情绪，通常有愤怒、恐惧，有时还有痛苦。不得不接受这一状况所带来的愤怒（必须解决这个问题让"我"很困扰），对于让"我"不得不接受成为造成上述状况的始作俑者感到的愤怒（"我"怪罪妹妹，她想跟我们一起去度假），害怕"我"不得不说出自己的优先次序后带来的评判（她会觉得"我"是一个自私的人），也担心"我"的选择带来的后果（她会认为"我"不爱她了，她会怪我），还害怕让她失望，因为"我"希望她过得好。

罪疚感有什么作用？

罪疚感让我们避免为自己的行为负责。事实上，在有罪疚感的人看来，罪疚会减少我们做出选择时应当负担的责任：我们的行为看起来没那么严重了，因为我们很"悔恨"。所以，我们就会觉得自己没那么自私，仿佛自己获得了某种恩典。在某些情况下，我们以罪疚为理由，就不需要采取行动了。

有时，罪疚感也用在让对方的反应不要那么激烈的情况下。如果我们承认自己做某事是出于罪疚感，对方就不会那么严厉地对待我们了。因此，承认罪疚感也是通过操控他人来减轻自己行为责任的方式。

罪疚感通常同时具备两种功能：让自己问心无愧、控制对方的反应。它是有害的，因为这是用来避免承担责任所使用的"诡计"。

那些不太确定存在自由的人经常会利用罪疚感，他们的特点就是拒绝考虑自己的选择可能产生的后果，即否认因果原则。所以，他们一直生活在两个极端之中：要么放弃对他们来说重要的事；要么坚持自己的需求，同时有罪疚感。为了避免出现破坏他们生活的中间状态，他们逐渐变得对自己的欲望和意愿不敏感[7]，而这样的情况并不少见！

如何面对罪疚感？

我们在精神上越独立，越不会感到内疚。也就是说，学会对自己和他人都负责，就能够不再有罪疚感。基本上，若我们为自己的经历负责并承担随之而来的后果，即在他人面前承担责任，就是为自己负责了。

然而，我们在当事人面前对自己的选择负责并不能让我们免于罪疚，虽然许多人都希望这样做就不再有罪疚感。的确，如果我们的行为影响到所爱的人，如上述示例一样，我们不可能对他们的感受置之不理。但我们采取了对情绪体验负责任的态度之后，罪疚感应该就由其他情绪取而代之了。例如，因为我们自己的需要而没有办法让妹妹一起去度假，"我"表达出自己的遗憾；在她表达失望

7　Jean GARNEAU, Michelle LARIVEY. *L'Auto-développement...*, *op. cit.* pp. 253-299.

的时候，"我"也表现出"我"的难过；等等。这样，"我"感受到的是当下真实的情绪，而不是五味杂陈之中的称之为罪疚感的情绪。

如果"我"想承担更多的责任，"我"可以对妹妹这么说：

我决定跟男朋友两个人去度假（我也可以用"我们"这个主语，而不是"我"，显然"我们"会降低我该承担的责任。虽然这也是我男朋友的决定，但主要取决于我，所以我以自己的名义说话。如果我妹妹问起我男朋友的想法，我当然可以说他跟我的决定一样），对于我们来说，一起度过这段专属的亲密时光很重要。

尽管我们两个人跟你都很亲近，但我跟他单独在一起是不一样的。我知道你很希望跟我们一起去度假，拒绝你我也很难过，但我还是决定这么做。当然，想到你孤单一人，我也不好受，因为目前这段时间对你来说很不容易。我也很怕会因此破坏我们的关系，怕你因此怪我。

"我"仍然因为优先考虑自己的需求而不是妹妹的需求有罪疚感（具体地说，是各种不愉快的感觉），但"我"说清楚了，坦率地表达出来了，因此内心也就感到满足了。

■ 厌恶

示例

1. 我讨厌自己居然工作到了这种地步！

2. 我厌倦了这样的生活。

3. 我非常厌恶某些性行为，甚至感到恶心。

4. 毛茸茸的蜘蛛让我感到恶心。

什么是厌恶？

厌恶是愤怒的一种形式，有时还夹杂着恐惧。厌恶可以是情绪累积过度或对情绪的排斥反应，表现在身体或思想道德层面。它不仅表达了强烈的不满，还有对于厌恶对象的道德评判。

厌恶有什么作用？

厌恶有时强调的是厌倦。在示例 2 中，"我"受够了这种生活，感到厌烦，在厌烦的情绪中还有不满，这是厌倦的特质。在这种生活方式中，有一些东西是"我"不满的，是"我"否认现在生活的主要原因。厌倦中的不满来源于不喜欢。在这个示例中，可以说生活的某些方面让"我"感到厌恶。有时，厌恶与拒绝有关，如示例 1：对于自己所做的工作，"我"感到非常不满。在这个示例中，不赞同和严厉的价值评判是引起反感的主要原因。厌恶披着价值观和看上去非常"正常"的外衣，也有可能隐藏着我们拒绝承认的一些真实情况。在示例3中，"我"用最明显的道德价值观来解释自己厌恶的原因，但我们知道价值观建立在需求和回避之上，我们可以猜测这个示例中的厌恶背后隐藏着恐惧、不安全感，而这些才是让"我"认为某些性行为难以忍受的原因。如果厌恶的反应看起来有点夸张，我们应该从这些角度思考一下。而示例4看起来是很正常的反应机制，但里面也隐藏着问题："我"对毛茸茸的蜘蛛的反应非常强烈，强烈得有点夸张了。这是一种典型的情绪转移。实际上，蜘蛛毛茸茸的样子让"我"想起了其他事情，是这些事情让"我"厌恶，只是"我"无法把这些事情说出口，"我"尽量避免去面对这些经历，所以"我"把情绪转移到了蜘蛛身上。这种情绪转移引起了恐惧症，它是情绪转移非常典型的例子。

如何面对厌恶这种情绪？

情绪累积过度是厌恶的同义词。在"过度"的情况下，知道该怎么做相对容易，但真的采取行动就没那么简单了。事实上，在示例1中，如果"我"深究自己为何对工作感到厌烦，得到的结果也许是"我"远离了自己的目标，也可能"我"没有精力换工作，或者"我"没有足够的时间来重新思考自己的定位。如果无论如何，我们都要面对这一天，还不如在出现厌恶迹象的早期就重视起来。这些迹象的发生通常是因为动力减小和兴趣降低，同时也有一些消极的反应，如烦恼、无聊、疲倦。

厌恶的情绪中可能隐藏着其他东西。当我们厌恶的情绪非常强烈，强烈到与引发情绪的实际情况不相符的时候，进行理性的思考（即使我们经常这样做，或被要求这么做）无法解决任何问题，强调这些反应不合理或是非理性的，也不会让我们更明白发生了什么。比较有效的做法是从我们的"内心"寻找答案。首先，我们需要去识别面对这个厌恶对象时的所有情绪，这样才能找出情绪的意义。通过分析这些意义，我们才能真正解决问题，厌恶的感觉才会消失。然而，如果出现了情绪转移，只意识到厌恶背后隐藏的问题不能解决问题。通常，这只是一个起点，让我们专注于引起问题的主观现实。例如示例 4 中，"我"对毛茸茸的蜘蛛的恐惧实际上来自"我"难以拒绝侵犯我界线的人，难以说"不"，难以拒绝别人支配"我"的生活。显然，要想摆脱对毛茸茸的蜘蛛的恐惧，有大量的个人心理梳理工作要做。

■ 反感

示例

1. 我非常反感他们的做法，我现在只有一个想法，就是辞职。

2. 我反感到了极点！好几个月以来，我那么努力找工作，却什么工作都没找到，困难似乎越来越多！如果我能听到自己内心的声音，那肯定是呐喊！

什么是反感？

反感是一种情绪累积过度和情绪表达不足相结合的情绪体验。在反感的情绪中，愤怒占主要地位，但愤怒到最后会演变成伤心，沮丧有时也与这些情绪并存。

反感有什么作用？

反感通常都是突然出现的，就好像我们突然跨过了忍耐的临界点。所以，反感给我们的信息首先可以这样解读：我们无法继续忍受下去了。当我们投入精力去实现设定的目标，但那些投入现在看起来没有意义时，就会产生反感的感觉，这也是引起愤怒的原因。愤怒是我们对于看起来无法克服的障碍的反应，要么是我们做了所有能够做

的 (示例2)，要么是我们觉得做任何事情都无法清除障碍 (示例1)。这让人非常无助，但这还不是全部。我们在投入精力的过程中，是有所期待的，可结果并未如期而至，尽管我们动用了自己所有的内在资源。通常，当我们动用自己所有的内在资源时，反感的感觉就会产生，此时，情感上的缺失非常明显，而这就是反感这一复合情绪中会有悲伤的原因，因为悲伤本身就象征着缺失。示例 2 非常清楚地说明了这一点：尽管投入了这么大的精力，"我"没有得到任何结果，当然不会有任何满足感。

而反感中之所以会掺杂着沮丧，是因为我们在障碍面前觉得非常无力。在这样的状态下，我们很难朝着目标再次行动。

如何面对反感?

首先，彻底地体验愤怒。愤怒一旦彻底被感受到、被表达出来，就会让位于伤心。这很关键：只有完整地体验了伤心，我们才能触摸到真正缺失的东西。正是在这样的触摸中，我们能够汲取再次前行所必需的能量。我们如果能够完整地经历这两种情绪，就可能找到另一条达到目标的道路。

■ 自豪

示例

1. 我对自己的作品感到自豪。

2. 我为自己感到骄傲，在这份工作中我面面俱到，完成得非常出色。

3. 我为我的父亲感到自豪，他持守自己的价值理念，即使有时候坚持会给他带来不好的结果。

4. 我为我的儿子成为今天的样子感到自豪。

什么是自豪？

自豪是一种满足的感受，带着对自己的尊重。它意味着我们的投入获得了成功，我们对此感到满意。让我们感到自豪的事，必须是在一定要求下才能完成的事。我们从不会为不费吹灰之力所取得的成就感到自豪，那最多让我们感到快乐。自豪的人以保持尊严的方式行事，有自己的标准、高度。

我们需要区分自豪的感受和自豪的态度，后者源于高度的尊严和荣誉感。

自豪有什么作用？

自豪的感觉指向两件事：我们完成了符合自己要求的事情，我们认为（亲自）努力过了，足够努力才有了这个结果（示例1和示例2）。示例3和示例4的表达不够精确，因为他人不是"我"的一部分，也不属于"我"，"我"不能为此感到自豪，所以"我"感受到的是其他情绪。或许这样描述更确切：

➡**示例3**

我的父亲非常正直，我很尊重他，能够做他的儿子是我的荣幸。

➡**示例4**

我的儿子如今成了这样的人，我非常满意。我认为自己对他的教育是成功的，我为此感到自豪。

骄傲、自负和虚荣……

有些人认为应该避免表现出自豪，因为他们把自豪与自夸、虚荣或贬义的骄傲联系在一起了。确实，当我们表现出自豪感的时候，我们公开表达了我们的满足，这样的公开表达也增强了我们的自信心。为什么不呢？感到自豪合情合理，更重要的是，公开承认我们的自豪感是加强自我肯定的一种方式。

相反地，自夸是过分地夸奖自己，炫耀自己，夸大自己的价值。自负的人和自夸的人都知道自己夸大其词，一般情况下，听他们讲话的人也都知道。有时候是听的人指责说话的人自夸，如果说话的人并未自夸，那么通常是听者出于嫉妒心理会对其进行指责。

如何面对自豪的情绪？

首先，好好体验这种情绪，因为我们当之无愧。然后，我们可以向我们认为重要的人表达自己的自豪感。例如，告诉爸爸自己成功地通过了很难的考试，感到很自豪；当客户称赞了"我"的工作，"我"可以告诉客户自己对于勇敢地探索了新领域而感到自豪；向出版商表达"我"的自豪感，因为对于这本书的质量"我"尽心尽力，没有任何疏忽；"我"跟父母说自己的儿子有今天这样的成就"我"是多么骄傲。

当自豪感代表着荣幸的时候，很重要的一点是在与之相关的人面前表达出来。这样的表达可以帮助我们和相关的人完整地体验整个情绪，而且或许还可以加强我们之间的关系。

■ 羞耻感

示例

1. 我公开发言的时候很害怕，觉得让人看到自己的这个样子很丢脸。

2. 我为自己喝多了之后的行为感到丢脸。

3. 我为我们家感到羞耻。

4. 我为我的性幻想感到羞耻。

什么是羞耻感？

羞耻感是一种复合情绪，是"社会版"的内疚。当我们独自一人面对自己的时候，绝不会感到羞耻。羞耻感是相对于他人而产生的一种感觉，可能源于他人的评判或我们猜测的他们可能会有的评判。当我们觉得自己不太好的一面被别人看到的时候，就会产生羞耻感。我们某一方面被别人评判而产生的受辱的反应，和我们觉得自己这一方面确实不太好而产生的否定，组成了羞耻感。此外，当与我们的行为有关时，羞耻感往往伴随着愧疚感。

羞耻感有什么作用？

羞耻感让我们不得不承认在那些让自己感到羞耻的

事上我们没有自信，也可以让我们看到在这些事上我们对自己的评价。正是这样的评价让我们在感到羞耻的事上无法自我肯定。

羞耻感还可以让我们知道：当我们在某个人面前感到羞耻的时候，这个人对我们来说非常重要。

防御性机制：避免评判

给别人评判自己的机会，并接受羞辱，是非常需要勇气的。如果"我"认为害怕在公共场合讲话非常幼稚，那么"我"担心别人也这么评论"我"就很正常了。"我"接受可能会被他人批评这一点，正是冒着受辱的风险。

反之，"我"如果不愿意把真实的自己暴露在大家面前，就失去了自我肯定的机会。直面让自己感到羞耻的原因非常重要，这能够让我们成长，只有这样，我们才有可能超越自己。

如何面对羞耻感？

我们必须相信，让我们感到羞耻的人、事、物非常关键，所以直面他（它）们很重要。该怎么做？我们先看下面这些例子：

➡示例 2

我不想去面对那些被我侮辱过的人，说不定这些人过了一段时间后就会忘记了。只是这样想，我就已经感到很不自在了：不再见这些人，并不能减少我对自己所做事情的评判，也无法阻止我感到丢脸。逃避，只是让我不再面对被我侮辱的人的愤怒和评判。

首先该做的事情是承认自己的愧疚（一是因为喝多了，二是因为说了侮辱人的话）。其次，接受自己的行为带来的后果：我说话的对象（也许还有在场的其他人）的感受和反应。再者，我要完全为自己的所作所为承担责任，即面对后果，不要大事化小，小事化了，甚至为自己找借口。最后，对后果进行必要的修复。

在这个过程中，我需要跟让我感到羞耻的人敞开心扉地对话，体验他们给我带来的感受。补偿也很重要，补偿不是为了抵消他们的反应，而是补偿我给他们带来的损失。换言之，补偿不是为了我，不让我接受太多的惩罚；补偿为的是他们，因为我给他们带来了不便！

➡示例 4

我为自己的性幻想感到羞耻，所以将其藏了起来。只是这样做，使得我把自己禁锢在沉默中，似乎完全无法动弹。如果我冒着风险说出来，这会给我带来惊喜，我会发现自己的内心开始发生变化：我为自己能够说出口感到自豪，听我讲话的人的反应也超过我的预期，我不再用同样的方式看待性幻想，我试着去了解这些幻想对我的意义……本来是让人感到羞耻的对象，一旦被最终接纳，就能够成为认识自己最好的切入口。

■ 嫉妒

示例

1. 我嫉妒一个女同事。当她走过的时候，公司里所有的男同事都会转头看她。我必须说，她的穿着太挑逗了。从我的角度来看，她穿得不合适，尤其在办公室这个环境中。

2. 我的同事升职了。当然，作为销售员，他的业绩增长很快，但我还是很嫉妒他。

什么是嫉妒？

究其本质，嫉妒就是愤怒。同事得到了我们想要的东西，我们很生气。但这不是嫉妒的全部，因为我们想要的东西也许是可以得到的，只要我们愿意付出一切代价。只是，我们不愿意这么做。实际上，真正让我们生气的，是必须做些事情才能得到自己想要的。示例 2 中，"我"的同事因为业绩好得到了升迁，"我"为此感到恼火，但是"我"是否准备好了学习他从而获得晋升呢？如果"我"继续嫉妒，停留在原处，那就是没有准备好。

嫉妒是非常痛苦的情绪体验。我们习惯于用两种行为模式去避免体验这种情绪：贬低我们嫉妒的对象，或控制那些让我们变得更嫉妒的人。例如，"我"的未婚夫觉得"我"的女同事非常有魅力，"我"会尽量让他少看见她，甚至会要求他不许跟她有任何联系。

嫉妒有什么作用？

嫉妒是非常珍贵的感觉，其中包含反映了某些需求的羡慕。在示例 1 中，"我"羡慕的是女同事作为一个女人被男同事认可，"我"没有这样被认可过。但嫉妒也表明："我"并不赞同这样获得认同的方式。在目前这样的情况下，"我"可能不愿意像她那样暴露自己的女性特征，"我"希望就算自己没有这么做，也能获得这种认可。

当嫉妒推动着我们超越自我的时候，它也可以是一种动力。只是，如果我们因此控制别人，而避免自己承担风险，这样的嫉妒就是病态的。

如何面对嫉妒？

首先，识别自己的需求。嫉妒的时候，我们最容易内省。

然后，探索我们为什么如此抗拒去满足自己的这个需求。通过自我审视，我们会发现嫉妒的背后常常隐藏着恐惧。借此机会，我们可以去了解藏在内心深处的东西。这样做，也许能够帮助我们离开嫉妒的牢笼。通过内省，我们可能会发现自己还没有准备好去满足刚刚觉醒的需求。这样的话，我们也不再有嫉妒的理由，因为我们对羡慕的东西放手了。放手可能是彻底的，也可能是暂时的——暂时搁置直至我们准备好接受挑战，但要注意不要过于理性。即使我们在理智上很容易说服自己，也无法欺骗自己的心灵。我们如果用理性说服自己不再去渴望自己曾经想要的东西，将会很惊讶地发现自己仍然在诋毁拥有这些东西的人，这就说明我们没有真正接受自己抗拒的情绪，我们就必须重新面对自己的内心。

审视自己所抗拒的，必然会面对自己的恐惧。去面对了，我们就不会白白承受嫉妒中的痛苦，我们的感受会成为在生命中继续前进的跳板。

■ 爱情中的嫉妒

示例

1. 如果我的爱人觉得另一个女人很有吸引力，我会嫉妒。

2. 我一想到别的男人盯着我妻子看，我就受不了。我是个善妒的人。

3. 我的嫉妒心很强，甚至会监视我丈夫的行踪。

4. 如果我不在场时，他过得很快乐，不管这快乐与什么有关系，我都会很嫉妒。我知道这很疯狂，但我希望自己是唯一让他快乐的人。

5. 我嫉妒我前妻现在的伴侣，因为我儿子太喜欢他了！

什么是爱情中的嫉妒？

爱情中的嫉妒和嫉妒是两种不一样的感觉，前者由不安全感衍生的恐惧和愤怒组成。不安全感有时与我们自己的价值观有关，有时与我们看待别人的方式有关。爱情中的嫉妒，有时是合理的，有时是不合理的。

爱情中的嫉妒产生的原因是我们害怕自己在所爱之人心中的位置被另一个人夺走，这样的位置可能真的是我们所占据并害怕失去的，但通常我们并未真正拥有它，即便我们不太喜欢承认这一点。我们之所以对嫉妒对象感到愤怒，是因为他让我们处于不安全感之中：就是因为他，我们才会担心失去让我们欢喜的关系或剥夺我们将会享受的关系，我们害怕看到自己的情感受挫。

爱情中的嫉妒有什么作用？

最明显的一点，爱情中的嫉妒说明了我们害怕失去这段关系所带来的对我们来说非常重要的东西。例如在示例1中，"我"的爱人被另一个女人吸引对我来说就是一种威胁："我"害怕失去自己在他心目中特别的位置，或者"我"对那个仿佛已经得到了这个位置的人有所怨恨。从另外一个角度来看，爱情中的嫉妒说明了我们对自己的吸引力非常没有信心，那是我们自己的不安全感造成的。"我"的确有可能坚持认为，"我"必须是唯一吸引他的女人，这样想才能强化"我"对于自身魅力的信心。"我"如果真的这么想，一旦发现这不是事实就会感受到威胁。示例2的情况也差不多，不过程度更加强烈。别的男人盯着"我"的妻子看时，"我"非常生气，因为在"我"的眼里，这是危险的信号。别的男人的目光可能会取悦"我"的妻子，但是对"我"来说，去竞争是完全不可想象的，因为"我"觉得自己做不到。实际上，"我"觉得自己配不上妻子的爱，但"我"不希望她发现这一点。这里，也是不安全感让"我"有这样的反应。在示例 3 中也是如此，"我"不相信自己深深被爱，只觉得丈夫想要一个比"我"更有魅力的女人。嫉妒正如其他情绪一样，可以帮助我们识别出重要的需求；嫉妒就是我们担心需求无法被满足，不管这样的担心是否符合真实情况。在示例 4 中，"我"非理性的欲望很可能反映的是"我"希望自己在爱人的眼中是非常重要的。当我们认定唯有自己可以给对方带来快乐时，我们真的会更加确定自己的独特性和不可或缺吗？"我"知道这是自己的幻想，是不可能实现的，但通过嫉妒的反应，"我"至少可以发现这个人对"我"来说有多重要，"我"是多么在意他！示例 5 中谈到孩子对"我"的爱，这种爱让"我"感到满足。只是，如果"我"儿子对他母亲（"我"前妻）的配偶也有类似的感情，"我"就很担心会失去这份爱。如果儿子对"我"的依赖在"我"的生命里非常有意义，"我"害怕失去在他心中特别的位置是很正常的。如果他靠近另一个类似父亲的角色，"我"很容易会想到他将离"我"而去，毕竟爱是稍纵即逝的。

嫉妒本身不是有害的，我们可以从嫉妒中解读出很多信息。但嫉妒确实有可能破坏我们的生命，如果它以病态的形式出现，就会产生极大的破坏力。要是嫉妒非常强烈且具有攻击性，意味着其中的需求非常强烈，我们的不安全感系数非常高。无论嫉妒有多强烈，我们都需要识别出嫉妒背后所隐藏的东西：他人对我们的重要性和因嫉妒滋生的情感上的挫折。由于嫉妒的人总是倾向于把原因归咎于他人，识别出嫉妒背后的需求就显得更加有必要了，否则，嫉妒的人无法从根源上解决问题。

如何面对爱情中的嫉妒？

摆脱嫉妒，需要从根源上解决问题。为此，我们需要先回答几个问题。

缺乏自信

当"我"的爱人被另一个女人吸引，"我"感觉受到了威胁，这是否源于"我"缺乏自信？如果是的话，阻止他欣赏别人远远不能解决问题。这样做，反而是一系列问题的开始，因为作为人，只欣赏、只渴望一个人是不可能的。想得到这样的结果，最好把自己锁在围墙里！只有让自己在情感上变得麻木才有可能做到不欣赏他人，只是这样会对情感生活、性生活都带来灾难性的后果。解决这个问题的方法在于建立自信[8]。这当然需要一段时间才能做到，所以在一段时间内，"我"还是会为男朋友看别人的目光而感到困扰。但"我"可以跟他谈一谈"我"的不安全感，而不是谈他的所作所为。这样，我们的关系就不太可能被"我"的不安全感破坏，因为每一次当"我"感到嫉妒的时候，都是"我"朝以下这两个方向成长的机会：意识到自己渴望成为他最喜欢的女人；向他表达这样的渴望，让他看见"我"有多么在意他。这样做势必有些痛苦，但非常值得。

关系中真的存在问题？

嫉妒的源头会不会是关系真的有问题？"我"儿子跟"我"在一起开心，还是跟他母亲的现任丈夫在一起更开心？"我"是否在配偶的心目中占据了自己想要的重要位置？如果"我"儿子跟"我"在一起没那么开心，"我"应该问问自己这是为什么，并试着去解决问题——如果"我"愿意的话。若"我"对配偶来说没有那么重要，"我"应该找一下原因，问题要是在"我"身上，"我"就需要行

8　Jean GARNEAU, «La confiance en soi », *Les Émotions, op. cit.*, p. 119-138.

动起来去获得"我"想要的那个位置[9]。

■ 蔑视

示例

1. 我没有如她所期待的那样祝贺她成功，而是用轻蔑的口气说出了伤害她的话。

2. 别人这样对待你，你居然没反抗，我鄙视你！我觉得你太老实了。

什么是蔑视？

蔑视有两种：一种是用来掩饰的"假"蔑视，一种是对别人行为的反应。这两种蔑视，我们需要区别对待，因为它们是截然不同的情绪体验，它们的作用几乎完全相反。

蔑视有什么作用？

掩饰型蔑视

这种蔑视是一种混合情绪，包含并隐藏着愤怒和恐惧，有时也会隐藏其他情绪，如嫉妒、痛苦。蔑视之所

---

9   Michel LARIVEY, «La jalousie amoureuse», http://redpsy.com/infopsy/jalousie.html

以会隐藏愤怒，是因为我们内心有不满，有时候甚至是伤害。对他人的蔑视其实是害怕在对方面前承认自己的痛苦，这样的人仿佛可以"凌驾于"现实情境之上，不受影响，但事实上他当然受到了影响。因此，蔑视的态度是一种防御机制：说出蔑视的言语或做出蔑视的行为，是因为我们害怕别人看出我们真正的感受。而且，由于这是一种防御机制，我们自己也不会意识到蔑视背后隐藏的一切。

我们很少为了与他人保持真诚的关系而公开地、直接地表达蔑视，如示例 2 那样。示例 1 与示例 2 中在意关系的"我"正相反。从表面来看，"我"的行为让人以为"我"推开了对方，"我"高高在上，而她根本达不到"我"要求的"高度"。实际上，"我"内心的感受与外在的优越感完全不符，"我"嫉妒她的成功，觉得自己不如她。可是"我"不能公开承认自己嫉妒，这太影响"我"的形象了，所以，"我"把嫉妒隐藏了起来，以免被人发现自己的脆弱。若真被发现了，她肯定会嘲笑我，"我"无法忍受她看到"我"自尊心低下的样子，无法忍受她藐视"我"。在这个示例中，蔑视提供了双重保护：掩盖了"我"的不安全感，同时重击对方并使其动摇。如果"我"成功地"唬"住了对方，她肯定不会在"我"脆弱的地方攻击"我"（觉得自己不在某一高度的人不是一个潜在的攻击者）。而"我"看到对方脆弱的一面，这可以避免自己沉溺在自卑中。

反应型蔑视

示例 2 表现的就是典型的反应型蔑视：当对方没有达到"我"所要求的道德高度时，"我"向对方表达了愤怒。在这样的情况下，"我"并没有"凌驾"于情境之上，恰恰相反，"我"对在道德上冒犯"我"的行为表示不赞同。"我"这样做，通常是因为"我"也愿意公开蔑视的情绪背后隐藏的东西。"我"能够清晰地、敞开心扉地表达情绪，表达出这种情况下真正影响"我"的因素以及这件事影响"我"的原因。因为这种开放性，别人能够看见"我"也牵涉在其中，"我"也是脆弱的，所以反应型蔑视跟掩饰型蔑视不能同日而语。这就是为什么"我"会表达出蔑视，因为"我"改变了自己与他人的关系的性质："我"不是把自己摆在高人一等的位置上，而是寻求与他的联结。

如何面对蔑视？

首先，承认隐藏在蔑视后面的情绪。

然后，我们可以自己决定是否对与此相关的人说出自己真实的感受。如果这个人对我们来说非常重要，我们希望改善与他的关系，表达自己真实的情绪或许是很好的选择。这非常不容易，但从长期来看，对于拉近双方关系非常有效。如果我们决定这样做，我们就不会有蔑视带来的傲慢感，反而会害怕，害怕别人看到自己的弱点，不过，我们可以从描述这个恐惧开始进入对话。反之，如果我们不希望拉近与我们轻视的对象的关系，至少这些厘清的工作可以帮助我们探索并彻底体验整个情绪过程。

■ 可怜

示例

1. 我儿子过得不太好，我很可怜他。

2. 他骗了我，但我不怪他，反而有点可怜他。

3. 我刚看了一部关于饥荒的电影，电影里那些穷人生了很多孩子，孩子生下来后都饿死了，真是太可怜了！

什么是可怜？

可怜本身不是一种情绪，但它确实是一种情绪体验，它的特点是隐藏着其他情绪，其中最突出的就是包含了愤怒和恐惧的蔑视。在可怜中，愤怒是以气愤的形式出现的。对于我们可怜的人，我们不会报以尊重。我们不能混淆可怜和同情。

可怜有什么作用？

从表面上看，可怜为社会大众所接受，甚至是伟大心灵的同义词。比起蔑视，可怜更容易被人接受，不管是对于可怜别人的人而言，还是对于被可怜的人而言。但是，懂得自我尊重的人拒绝可怜他人或被人可怜，这也并非没有道理，因为他们意识到了可怜的特点是虚伪。

如示例1，"我"很难接受孩子让自己失望，更难接受自己蔑视他的所作所为。蔑视中所包含的恐惧会让人收敛愤怒。因此，从某种程度上来说，把儿子想成一个没有能力的人，对"我"来说更有好处：这样"我"就不用让他为整个情况负责任了；如果不是他的责任，那么"我"责怪他也没有道理。通过这样一点一点对现实的扭曲，"我"就不用去经历由儿子的遭遇引起的负面感受。所以，可怜是一种"安排"，避免被儿子的情况激怒，甚至不用去体验自己的失望。同样地，对"我"来说，可怜欺骗我的人可能比直接反抗欺骗行为简单一些（示例2），这样"我"可能就不用走司法程序或跟他起正面冲突。示例3中，"我"几乎毫不掩饰自己对于所涉人物生活条件的评判。根据定义，"我"可怜的人（或民族）没有达到"我"的标准，而"我"带着认为他们无法改善条件的傲慢。居高临下的态度是一种心理策略，让"我"避免公开表达和承认看到这些人的情况时的愤怒，而且"我"认为在这种情况下表达愤怒令人感到讨厌。我们确实很难对身处困境的人感到生气，但我们把愤怒转化成可怜，也不是为了这些人，而是为了我们自己——为了避免承认自己真实的感受。所以，可怜是一种具有欺骗性质的情绪体验，正如罪疚感和其他一些情绪一样。

如何面对可怜？

首先，需要识别可怜所隐藏的情绪：蔑视中的愤怒和恐惧。

然后，认清自己的愤怒或气愤，并完整地体验它们，这样才能明确到底是什么如此牵动我们。在示例1中，"我"可能发现自己被激怒的原因是"我"的儿子完全放任自流，而"我"一直以来呕心沥血，尽可能给他最好的教育。"我"觉得他这么做对"我"非常不公平，可"我"已经没有影响他的能力了。

最后，接受愤怒的表达。这样的表达可以让我们避免落入可怜的"阴险"计谋中，即贬低可怜的对象。

■ 暴怒

与暴怒相关的情绪体验

不满、生气、气愤

示例

1. 我哥哥总是处处压着我，这让我非常生气！

2. 这么多年来，我总是对她重复同样的事情，但她左耳进、右耳出。因为她，我们总是迟到。她的态度真的让我极为愤怒！

3. 我必须等一段时间才能做手术，因为医院非常缺人手，虽然这会延误治疗。我着实生气，但我也没有办法！

什么是暴怒？

暴怒是一种相对强烈的愤怒，它的特征是结合了不满和无力感，更多是由于无法解决问题而引起的较特别的愤怒：我们认为自己受制于某人或某种情况——不管这样的想法是对的还是错的。

暴怒有什么作用？

正如愤怒一样，暴怒向我们发出的信号表明有障碍物横亘在我们获得满足的路上。此外，它还表明我们在面对障碍时无能为力。我们自认为在障碍物面前毫无办法，无法采取有效行动的无力感把我们的攻击性转化为破坏力和或大或小的愤怒。

在示例1中，"我"和哥哥之间存在力量的不对等，这种不对等导致"我"无法占上风，"我"非常怨恨每次总是他赢。"我"对于自己是弟弟且比较弱小这一点感到非常愤怒，这是"我"总是输给他的原因，可"我"又做不了什么。

示例2中强调的是"我"无法改变别人，经过几次的尝试，"我"相信改变的钥匙握在她自己手中。如果"我"使用其他的方式，会不会比较有效果？暴怒说明"我"感到无能为力，没有让自己满足的力量，或许正是这种信念使"我"到目前为止不断重复根本无效的方法。或许是相反的情况：跟她沟通的方式总是无效，这让"我"陷入了无力感之中。

示例3中也提到了"我"对处境无能为力的感受，在这个例子中，"我"也认为自己受制于他人，根本想不出其他替代方案。

暴怒和暴力

暴怒与愤怒不同，因为暴怒的特征就是它总是与暴力有关，暴怒中的无力感把攻击性的能量转化为破坏的欲望。暴怒累积得越多，越容易转化成暴力行为，暴力行为非常有破坏性，却是无效的。事实上，把挫折感发泄出来，不会产生任何有用的结果，因为挫折感并不能帮助我们克服横亘在满足的路上的障碍，但这样的发泄在我们看来似乎是唯一可能的解决方法。

因此，暴怒的人必须为挫折感找一个出口，否则累积起来的暴怒很可能会以极端的行为爆发出来，带来的危害远远大于时不时发泄一下挫折感造成的影响。

如何面对暴怒？

情绪爆发或破坏性的行为不是解决方法，虽然这样做可以让过多的情绪表达出来，却不能帮助我们找到建设性的解决方法。但有的时候，怒气占据了我们整个人，表达出来也是好事，疏解一些情绪负荷能够让我们更多连于内心，连于情绪，并且在连接的过程中，找到适合自己的出口。

感受自己的怒气是非常重要的。这样的感受不会带来疯狂的行为，反而会让我们找到合适的摆脱无力感的方法。

➡示例 2

如果继续对她重复同样的事情，借此希望她有一天能改变，我只会再失望一次。与其这样，不如决定不再忍耐下去，以此摆脱无力感。从今往后，如果我觉得她会让我们两个人都迟到，我就不等了，直接一个人先走。当然，我并不喜欢每次都一个人先走，但至少我尝到了不再迟到的满足感，就不再有怒气了（当然，其他情绪会在暴怒消失后出现）。

➡示例 3

有可能我比自己所想象的拥有更多权利来决定手术日期，如果我尽力去加快手术的安排，或许会得到意想不到的结果。

摆脱无力感，通常只需要把主动权握在自己手中，而不是依赖别人。可如果真的毫无办法，我们就只有接受，其他什么也做不了。

有时，我们确实毫无办法，无论做什么都无法解决问题，这也是生命里的实际情况。在这种情况下，接受自己的无力感及无力感带来的其他感觉，是比较明智的做法。

■ 怀恨

示例

1. 我对哥哥怀恨在心，因为小时候他非常嫉妒我，一直羞辱我，让我很痛苦。我绝不原谅他！

2. 我会一直记恨杀害我妹妹的凶手，我甚至觉得绝不接受他对妹妹做的一切，是我对妹妹的责任。

3. 我对她造成的意外怀恨在心，何况她还不想承认自己的错误。

4. 我是一个记仇的人。

什么是怀恨？

怀恨是一种带有报复欲望的愤怒。在某些情况下，怀恨中的复仇欲望非常强烈。怀恨很像愤怒、蔑视引起的气愤，但绝不到气愤的程度。此外，与气愤不同的是，怀恨总是与人相关。

怀恨是已经稳定下来的愤怒，但愤怒可以重新被唤醒甚至变得更强烈，如想起与怀恨情绪相关的事件时。而且，怀恨中的愤怒，会停留在我们的内心中。我们之所以会怀恨在心，是因为这是唯一说明我们没有低头、没有向所发生的事妥协的方式。事件本身的不可接受、让人无法容忍这一特性，助长了怀恨的滋生。

在我们看来，复仇似乎多少可以让我们心理平衡一些。如果责任人能够为其造成的伤害付出代价，即使愤怒仍会停留在我们心里，但至少表面上看起来正义是存在的。然而，我们无法达到这种平衡的状态，因为在我们的眼中，对方做的事所造成的伤害是无法弥补的。怀恨在心或希望厄运降临到对方身上，是我们让对方付出代价的方式。通常情况下，我们不会真的采取报复行动，因为在某些时候，报复是不可能的（示例2）。另外，有些人之所以更易记仇（示例4），是因为拒绝明确地表达自己的愤怒，而如果要复仇，就不得不表达愤怒了。因此，怀恨的特点是不去接触让我们产生愤怒的对象，例如，记仇的人经常选择生闷气或彻底断绝关系的方式惩罚对方。

怀恨非常顽固，因为我们觉得伤害或错误原本是可以避免的，责任人的行为并非像那些让人十分抗拒却无法避免的情况（死亡、疾病等）一样。责任人的行为，是他自己选择的结果。在示例3中，"我"责怪她，不是因为事故本身，而是因为她不承认自己的错误，她完全可以决定自己的态度。示例1中，"我"哥哥嫉妒"我"，他本可以找到其他渠道化解情绪，却选择欺负"我"，让"我"受苦。他对此无动于衷、充满恶意，甚至残忍地伤害"我"（示例2中展现的正是残忍的伤害）。

如何面对怀恨？

怀恨在心是一种非常不愉快的感觉，为此，我们总想摆脱它。有一种方法可以化解其中的愤怒，就是直接而完整地把它表达出来[10]。但在某些时候，这样做还不够。即使"我"告诉杀害"我"妹妹的凶手"我"的感受（示例2），也不足以平息"我"的愤怒。这是出于上文提到的原因："我"的愤怒在某种程度上表达了"我"对妹妹的忠诚，妹妹成了如此残忍的行径的受害者，"我"作为姐姐应当如此。在这种情况下，"我"应该把愤怒留在心里，留给"我"的挑战是不要让这愤怒毁了"我"整个生活！确实，这件事非常严重，将永远刻在"我"的生命中。"我"唯一的办法就是带着愤怒生活下去，一方面不断认清愤怒，另一方面意识到愤怒到底连于什么，以防止它不断升级甚至以难于分辨的怨恨的形式出现。

刻意而为的宽恕

怀恨中存在的问题在于有时有的人出于道德要求而希望自己原谅怀恨的对象。但宽恕不是意愿的问题，要么我们可以自然而然地原谅，要么我们完全无法原谅。下定决

10　Gaëtane LA PLANTE, « L'expression qui épanouit », *Les Émotions…, op. cit.*

心宽恕是一种刻意而为的态度，是有害的，因为它让我们陷入自欺之中：我们的内心深处仍然能感受到强烈的愤怒，却试图装出表达善意的态度。我们需要非常理性，不断进行自我说服才能走到这一步。这是防御机制，目的在于阻止我们去感受真实的情绪。单从定义上来看，防御机制对于整个心理健康的完整性来说没有好处。

自然而然的宽恕

自然而然的宽恕与刻意而为的宽恕不同，它不是人为的。随着情况的演变，我们的情绪发生了变化，宽恕自然而然地就产生了。可能之前发生的事不再引起我们的愤怒，例如"我"和哥哥都长大成人了，现在"我们"的关系足够好，"我"觉得以前受到的伤害已经被修复了 (示例1)。在这样的情况下，"我"自然地原谅了儿时他对"我"所做的一切。

■ 气愤

示例

1. 政府的浪费行为让我非常气愤。

2. 骗子侥幸逃脱了，这让我气愤到了极点。

3. 公司解雇我的方式让我很委屈。

4. 我的孩子生病了，我愤愤不平。

什么是气愤？

气愤是带着委屈的暴怒，是我们在面对不公平处境的时候（示例2），或在无能为力的时候（示例4），或在事情与我们相关、与我们的价值观背道而驰但我们却没有太多办法处理的时候（示例1和示例3）产生的感觉。

气愤有什么作用？

气愤表达的是一种特定的不愉快：我们经历了在我们看来不公平的事，面对这样的情况我们却无能为力，因此非常气愤。连于气愤的情绪，我们可以识别出自己的哪些需求出了问题，哪些价值观被挑战了。所以，气愤是一份邀请书，邀请我们在利害攸关却难以采取适宜行动的情况下，找出一个解决方案。

如何面对气愤？

有些人非常抵制气愤的感觉。是怒气让他们觉得很困扰，还是情绪太强烈了？抑或是很难面对无力感？只是，即便我们拒绝气愤，它也不会消失，我们仍然受它支配，逃避这种感觉只会让自己在无形中受到影响。有些人经历了不公正的对待之后患上了抑郁症，他们中很多人都意识到在抑郁的背后隐藏着气愤。有些人把气愤当作权宜之计，如同意识不到自己愤怒的人，没有把情绪的能量对准恰当的靶子。他们因此无法摆脱负面的情绪，继而进入新的情绪体验循环，无法达到完成情绪体验的目标。所以，处理气愤如同处理其他情绪一样，认清情绪的强度并接纳它，彻底地、完整地去体验整个情绪过程，直到我们采取合适的行动。这是我们彻底摆脱气愤并避免其无形影响的唯一方法。

➡示例 3

　　毫无疑问，关于我被解聘这件事，我无法改变，但至少我可以开心地决定怎么看待那些做决定的人。我会大声告诉他们我的感受及感受的强度，但这样做并不会抹除不公平，也不会让我更轻松面对改变。然而，我坚持下来了，这样的坚持让我充满力量去面对失业的问题。

气愤中的无力感是真实存在的。在某些情况下，我们没有别的选择，只有接受无力感（如"我"的孩子生病了）；在另外一些情况下，只有继续按照自己的价值观活下去（如争取更多的正义），才能让情绪过程结束。

➡示例3

我永远不会像我的上司对待我那样去对待下属。即使他们不再为我工作，我也会保证现有的制度能够公平地、公正地对待他们。

➡示例4

我孩子的病让我更关心癌症儿童的状况，现在，我也参与了白血病研究的基金筹备工作。

有时候，我们可以把充满攻击性的精力投入到这些信念中，除此之外，别无他法。感到愤愤不平的时候，有意识地转移精力，也不失为有益的做法。

第五章

反情绪

如果我们希望脱离困境，重新连于情绪本身，那么解读本书中提到的所有这些症状就显得非常重要了。如果没有这一步，我们会在不同的症状中停滞不前，而大多数时候，这些症状带来的痛苦远比直面情绪本身要痛苦得多。

■ 烦躁

示例

1. 我女儿看了恐怖电影之后非常躁动，一直安静不下来。

2. 他的话让我很烦躁，我真的受不了这些废话，再也坐不住了。

3. 这个孩子完全坐不住。

什么是烦躁？

心理原因引起的烦躁，是我们意识到了某一种情绪并抑制住它，身体因此产生的反应。所谓情绪被抑制，要么是没有完整地体验情绪，要么就是情绪的表达被阻止了。烦躁和燥热是不一样的反情绪体验。当我们控制刚要显露的意念或情绪时，身体会有燥热的感觉。而烦躁的时候，情绪早就已经显露了。如果身体因烦躁产生生理反应，说明我们需要控制的情绪强烈程度相对高一些；如果我们控制的情绪没那么强烈，那么引起的身体反应只会是肌肉紧绷。

烦躁有什么作用？

烦躁意味着情绪的过度累积。我们控制了自己的情绪，却无法完全控制它们的能量。体育运动可以疏解其中一部分能量，减轻心理负荷。

因此，烦躁表明情绪过程受到了阻碍，这个阻碍可能发生在情绪的"沉浸"阶段，如示例1："我"女儿的脑中可能都是些困扰她的画面，她的内心充满了情绪，只是这些情绪让她太不舒服了，因此她拒绝去感受它们。

在示例2中，我们看到的是情绪在表达或采取行动的阶段遇到了阻碍："我"有些恼怒，但没有表达出情绪，即说出自己对他的言论的真实想法或离开那个地方。烦躁也可以是超过了生理承受能力的表现。

所有孩子都需要玩耍，但有些孩子比其他孩子精力更旺盛，无法保持安静，如示例3中的孩子。他们要健康地成长，就必须消耗掉这些精力。不仅孩子需要消耗精力，有些成年人也体力充沛，需要的活动量比其他人多。

烦躁和多动症

儿童多动症可能有不同的起因，这个问题非常复杂，以下原因都可能引起多动症：摄入过多垃圾食品、肌张力较低、难产后遗症，以及一些其他创伤。有时候，多动症是家庭问题引起的，如果孩子因此得了多动症，我们必须承认从孩子的角度来说多动症是健康的心理反应。

换言之，综合考虑到他的身体情况、道德认知和社交能力，面对家庭问题，多动症对他来说可能是最好的反应。一方面，孩子的心理防御机制比成年人弱，他们没有办法很好地控制情绪；另一方面，他们没有成年人的表达能力，不可能用口头表达的方式释放情绪能量。因此，孩子容易出现好动的行为，只是周围人通常会认为这些行为不恰当。然而，孩子的烦躁情绪有积极意义，那些无法消化、疏散的过度情绪负荷（通常由家庭问题引起），可以通过烦躁来释放。这样的烦躁，是当事人为了让自己开心起来找的情绪出口。

情绪累积的磨损[1]

如果一个成年人的情绪长期被严重地压制，会出现以下症状：易怒，几乎无法承受挫折，注意力集中困难，缺乏动力，总觉得马上就要崩溃，同时也有抑郁的感觉。

这种"情绪累积的磨损"通常被称为抑郁或职业倦怠，但治疗这种磨损跟治疗抑郁或倦怠的方法不一样，所以把它们进行区分非常重要。经历这种磨损的人首先需要释放累积的情绪负荷：要么把情绪表达出来，要么采取相应的

---

1 Michelle LARIVEY, «Tristesse n'est pas dépression », *Les Émotions...*, *op. cit.* pp. 163-179.

行动。对于他的人际关系，也需要做一些"处理"。只有这样，他才能重新获得情绪的平衡，然后开始解决导致磨损的功能性障碍问题，避免再次进入情绪累积的磨损循环。

如何面对烦躁？

如果烦躁源于情绪层面的问题，我们就需要注意它的性质。有没有身体上或情绪上的表现？只要有一点点的忽略，烦躁就可能转化成恼怒或愠怒。如果表现出来的是恼怒或愠怒，我们就需要连于表现出来的情绪，去完全感受它。只有让情绪过程顺利地进行下去，我们才有可能明白到底是哪里出了问题。

如果可以的话，最好在开始倾听情绪之前让自己不要再烦躁，安静下来。首先，我们花点时间好好呼吸[2]，这样做可以让我们准备好迎接情绪或占据内心的东西。呼吸这个动作原则上也可以减少烦躁。

如果烦躁是身体长期缺乏运动的结果，只要运动一下、放松一下，把那段时期累积的、未释放的能量释放出去就可以了。

---

2 Jean GARNEAU, Michelle LARIVEY. *Savoir..., op. cit.*

■ 焦虑

同样类型的情绪
恐惧、忧虑、惊恐、恐惧症

示例
1. 当听到儿子在抱怨他的生活时，我发现自己变得焦虑了。
2. 我一进入这些地方，就感受到强烈的焦虑。
3. 每周一，我醒来都会觉得胃里有灼烧感。一想到工作，情况更糟，焦虑的感觉就更强烈。

什么是焦虑[3]？
焦虑是强烈程度与恐惧相似的不舒服感觉，只是它没有特定的诱因，经常出其不意地出现，持续的时间可以很短，也可以很长，会伴随着胸闷、胃痉挛等。当焦虑非常强烈的时候，还会伴随其他生理反应：呼吸困难、出汗、心悸、头晕、虚弱、恶心等。因为这些反应，焦虑发作经常被误诊为心脏病发作。

3　Michelle LARIVEY, « L'angoisse et l'anxiété: les vigiles de l'équilibre mental », http://redpsy.com/infopsy/anxiete.html

　　我们可能在出现一个想法、与某人接触、进入一个地方、闻到某一种味道的时候，感受到焦虑。大多数时候，我们意识不到是什么引发了焦虑，所以常常会觉得自己莫名其妙就焦虑了。

　　拒绝即将显露的情绪，会引起内心的斗争。我们把这种强烈的不舒服感命名为焦虑，而它其实就是我们内心力量相互较量的结果：一股力量推动情绪浮出意识层面，另一股力量压抑情绪的出现。

　　正如恐惧一样，焦虑也会引起身体释放肾上腺素，这就是为什么焦虑的人会感受到在太阳神经丛的紧绷感（胃痉挛）。

焦虑有什么作用？

　　乍看之下，焦虑与恐惧相反，似乎没有任何目的。然而，焦虑的出现是有目的的。

　　事实上，当我们拒绝为试图浮出意识层面的情绪或意念留出空间的时候，焦虑就出现了，其中包含的弥散性恐惧就是面对这个情绪或意念的反应。

　　我们应该把焦虑当作信号，而我们正在拒绝自己身体发出的一部分信号。有时，这将带来全新的情绪体验：

➡示例 1

　　我非常不喜欢我儿子"饱汉不知饿汉饥"的抱怨。我在毫无意识的情况下，把即将出现的愤怒压制了下来，突然变得非常焦虑。

　　焦虑也有可能反复出现，一直存在。这说明情绪或在意的东西被不断或持续地压制。

➡示例 2

　　我意识到自己非常焦虑，因为我总是拒绝把与工作相关的情绪显露出来。我知道有些东西不对劲，但仅此而已，我不想继续探索自己真正的感受。

　　在这种情况下，"我"并未注意焦虑发出的信息，没有处于接受信息的状态。因此，如果"我"没有敞开心扉，给当下的情绪让出一条通往意识的路，焦虑就会一直存在。

　　所以，焦虑是一种"症状"，就像失眠、紧张性头痛或情绪控制引发的躯体反应一样，如湿疹、牛皮癣、胃溃疡、背痛等。它会在我们不知道为什么的情况下出现，因为它取代了被回避的情绪，而后者才反映了我们当下的经历。一般来说，一个想法、一次接触、一张图片或一段音乐，都能让我们焦虑，因为这些都能激发我们一直回避的感觉或意念。我们因为害怕面对，所以拒绝了自己的一部分反应。应该被我们接纳却被我们拒绝了的情绪或行动，在我们看起来似乎比焦虑本身更可怕（"不可以！我不要放下工作！"）。无论如何，我们的心理机制运作的原则是信息必须被接受，如果不安释放出来的信息没有产生应有的效果，就会产生其他效果或另外的症状，让我们去注意哪里出了问题[4]。

如何面对焦虑？

不应该做的

既然焦虑不是一种情绪，就不要试图去感受它，感受只会让我们更不安，并引起更大的慌乱，而且对它进行理性分析也毫无用处。实际上，在情绪过程的各个阶段，真正的情绪体验还没有显露，此时进行分析，获得成果的机会不大。焦虑是一种"防御"的状态，我们在这样的状态下不可能通过理性分析进行真正有用的内省。试图把感受视觉化也不会有任何效果，因为回避的态度本来就很难让"情绪浮出意识层面"。我们也不可能"驱逐"焦虑，因

4　更多关于情绪回避而导致情况更糟的细节，请参考 Jean GARNEAU, « À quoi servent les émotions? », *op. cit.*

为我们会错过它发来的信号，当然也有可能会失去寻找其背后根源的动力。然而，这就是今天所有抗焦虑药物所做的：让这种情绪平静下来，甚至彻底消失。

应该做的

最有用的做法就是问问我们自己到底在回避什么。让人惊讶的是，答案很快就会出现，然后焦虑立刻就消失了。我们会直接连于当下的经历，即便那很难去面对。这个情绪信息在意识层面显现之后，就应该让它进入情绪过程。我们如果以开放的态度处理当下的感受，看重感受所传递的信息（即使我们目前可能无法掌握它的全部内容），就会走上解决问题的道路。

➡示例 3

某个星期一的早上，尽管我还是非常不安，但我决定去面对隐藏在焦虑背后的情绪。我平常都是立刻起床（我知道这样做可以让不安瞬间消失），迅速喝下一杯咖啡，睡眼惺忪地给孩子们准备午餐。今天，我决定在床上花几分钟，好好呼吸一下，因为平常这种不安让我喘不过气来（或许这仅仅是我自己的感觉）。我深呼吸，意识到自己胸口很闷，我深吸一口气，慢慢地再次深呼出气，直到胸闷的感觉消失。这个过程很不容易，但我坚持下来了。就在我这样做的时候，我接受了在意识层面显露的想法。我没有像往常一样回避关于工作的不愉快的想法，而是把这些想法在脑子里摊开，一个又一个地列出来，不回避任何一个：微薄的工资，无聊的工作内容。我总是在"赶"：早上赶着把孩子送进托管中心，晚上赶着把他们从托管中心接出来，中午赶着去购物，晚上赶着准备一家人的晚餐。我感到内疚：我没有时间陪伴孩子，我和丈夫都觉得我们更像在经营一个企业而不是过着真正的夫妻生活。我们对自己说："这样的生活总有一天会结束。"可什么时候呢？我不能辞职！这个想法像箭一样射出（我很清楚确实不能，我和丈夫总是说我们家需要两份薪水），焦虑再次出现。我的呼吸变得急促起来，身体的感受也非常不好，就像背负了很多东西却又无能为力。我再次深呼吸，试着张开双臂，继续让情绪发展下去，胸闷的感受在一点点减少。我觉得自己所面对的问题涉及面太广，我很沮丧。我知道自己已经受够了，这样的状态已经持续很久了，当下我不会有解决方法。但不同的是，至少我现在能够在这个问题面前停下来，好好地、冷静地想一想，试着找出解决方案。尽管问题很大，但我松了

> 一口气。我的焦虑消失了，现在感受到的是目前的情况所引起的气馁。

没有任何人可以保证焦虑再也不会出现。但至少目前，"我"连于曾经回避的问题，不再有理由继续留着它不解决了。这也意味着，如果"我"再次把问题束之高阁，焦虑肯定会再次出现，它会告诉"我"："我"还是把重要的问题搁置在了一边。

■ 忧虑

与忧虑相关的情绪体验
恐惧、焦虑

示例
1. 越是接近考试的日子，我就越忧虑不安。
2. 我总是很容易忧虑。

忧虑是什么？
忧虑是弥散性的恐惧，是内心情绪轻微失控引起的不舒服的感觉。它总是伴随着生理性的反应：胃痉挛或喉咙干涩。这种感觉一出现，往往会占据我们整个人，让我们动作、行为都非常紧张，往往还会很难集中注意力。

忧虑和焦虑属于同一系列的情绪体验，两者的不同之处主要在于我们能否发现引发害怕的东西。在忧虑中，我们很容易发现这个东西。在焦虑的状态中，回避情绪的情况更严重，所以，我们更难意识到引发害怕的东西。

忧虑有什么作用？

忧虑让我们知道现在或即将到来的情况中有我们担心的东西，但具体是什么，我们不太确定。示例 1 非常典型："我"知道自己害怕考试，即使"我"不太确定具体是因为什么。"我"是不是没准备好？是不是担心自己动作比较慢，所以考试的时间会不够？"我"怯场？这次考试是不是非常重要？通过寻找不安的情绪下隐藏的东西，"我"能够找到这些问题的答案。对于有些人而言，不安几乎就是一种生存方式，如示例 2 中的"我"。这类人通常很少关注自己当下的经历，可以说，这些人持续活在"自我之外"。所以，一旦他们的情绪或意念可能会困扰自己，他们总是倾向于回避。这样的模式会让人看不清恐惧的根源，也就不可能找出任何解决方案，因此必然会带来忧虑。这种与自己相处的模式，会使问题不断累积，不安不断增加。

如何面对忧虑？

忧虑有着跟焦虑一样的回避机制，所以处理方法是一样的。

➡**示例 1**

与其不断地担心考试，还不如去感受一下自己的内心，去找出到底是什么让我担心。我没什么重大发现，所有担心的事以前几乎都在我的脑中出现过。然而，关注自己的内心还是可以让我发现新东西：我特别担心在考试时没有足够的时间解答论述类的题目。所以，我决定用特别的方式优先为此做好准备，即在开始复习之前，先找出解决问题的方法（通常，我会把让我没有安全感的问题放到最后解答）。方法找到了之后，我忧虑的感觉就减轻了，但还没有完全消失。我重复了同样的练习，这一次我意识到，我在这门课的某个关键部分很薄弱，这让我很没有安全感，当然这是正常的。我决定采取必要的措施，让自己对这方面有更多的了解。时间一天天过去，我对这部分的了解越来越多，我的忧虑降低了。

■结巴

示例

1. 我说话的时候总是结巴。

2. 遇到困难的时候，我就开始口吃。

3. 我气坏了，讲话都结巴了。

结巴是什么？

结巴是吐字的问题，表现为发声犹豫和不自主地重复某些音节。从身体构造的角度来看，吐字困难是由声带紧张引起的，但结巴的根源跟心理问题有关。声带紧张收缩的目的是抑制情绪发展，正如身体其他部位紧张收缩一样，这样的身心反应通常会发生在身体较脆弱的部位。但声带紧张的人是因为声带本身就比较脆弱吗？目前的研究还无法给出清晰的答案。是否因为重复的收缩引起了慢性神经肌肉紧张？这是一个合理的假设，因为研究人员在倾向于克制情绪的人的其他身体部位找到了这种类型的肌肉紧张。有些人会出现慢性颈椎病、肠胃疾病，或在睡梦中磨牙。

结巴有什么作用?

结巴是情绪被抑制的表现。我们无意识地、持续地控制自我的表达。示例 1 就是这种情况。

为什么会这样?有可能"我"的情感表达在童年时期就被抑制了。一些结巴的人虽然可能没有真的受到过粗暴对待,但他们在畅所欲言的时候承受了非常大的压力,这样的压力对他们形成了冲击。结巴要传达的信息可能是这样的:"如果我没有表现出我的真实感受——尤其是愤怒,我可能会更安全。"事实上,"我"结巴,是出于不安全感。"我"很难接受某些情绪 (示例2)。即便"我"结巴,但在"我"扮演某个角色或进行模仿的时候,"我"的口齿非常清楚。"我"成为别人时非常自由,因为"我"不再是自己,不会因为自己糟糕而被评判、被惩罚或被拒绝。可是,在相反的情况下,"我"不得不妥协做自己,就常常口吃了,对"我"来说,做自己的风险达到了顶峰。"我"结巴是因为"我"不想接受也不想让别人看到自己这一刻的样子。还有一种情况是说话者本身不结巴,只是因为不想表达某些内容而说得磕磕巴巴 (示例3)。"我"气坏了,气得不能大胆表达。"我"在字词的选择上犹豫不决,一松懈下来的时候,就加快了说话的速度或说得磕磕巴巴。这说明"我"的内心存在着两股对立的力量：表达还是不表达，或者表达但不要妥协。

如何面对结巴？

摆脱结巴并不容易，我们需要进行一些技术性的训练，然后才能流利地进行口头表达。但是，如果找到根源，问题就会更容易得到解决，而解决根源问题的关键在于开始"个人成长"。当"我"开始承担责任——首先对自己负责，其次对他人负责，"我"才最有可能不再结巴。我们可以在心理治疗中实现这些目标，只是能否治愈结巴还取决于当事人是否愿意连于情绪，能否行动起来去表达，以及他的需求是否被满足。

我惊讶地发现，当我跟母亲说话的时候，几乎不再结巴了。有一天，我在她面前表现得很坦然，变化就发生了。但这很微妙，当我觉得自己的内心袒露得有点多的时候就会收回来一点儿。从表面看不出任何区别，只是在我的内心中，这样的趋势越来越明显了。

我真的非常需要别人肯定我的能力，可我长久以来一直否认这一点。从我承认了这个需要并且做出适当反应之后，我逐渐很少会结巴了。

■ 哽咽

示例

1. 我哽咽着，可是我哭不出来。

2. 好几个小时了，我一直在哽咽。

哽咽是什么？

哽咽是指想哭却不能哭且在心理上产生一种紧张感时的表现。

哽咽有什么作用？

哽咽说明我们为了不用哭泣或不把悲伤流露出来而进行了自我控制。哽咽有时候会伴有喉咙中的异物感，但不总是这样。若没有异物感，则说明我们控制情绪表达的力量抹杀了情绪本身。

如何面对哽咽？

清除哽咽最主要的是接纳自己的悲伤，而不是与它对抗。如果我们习惯于抑制悲伤、指责悲伤，接纳它对我们来说就不是件容易的事。有些练习可以帮助我们重建哭泣这个生理机制，这里提供两个：

● 尝试发出听起来像哭泣的声音，这可以帮助我们抵消对哭泣的抑制。然后慢慢提高音量，去习惯大声哭泣。

● 如路斯（Luthe）发明的放松方法——自发训练那样，为了重启哭泣机制并重新找回哭泣的习惯而进行催泪训练。

■ 紧张性头痛 (头痛)

示例

1. 会议一开始，我的头痛就发作了，而且越来越痛。

2. 他对我说着一些让人困扰的话，我感到一阵轻微的头痛。

紧张性头痛是什么？

紧张性头痛是由肌肉紧张引起的疼痛。肌肉收缩让原本应该流入大脑的血液无法正常流通，导致头部产生疼痛的症状。

头痛也可能是其他原因引起的：长时间在微弱灯光下阅读，消化不良，高海拔，头部受伤，食物中毒，其他严重的疾病。

紧张性头痛有什么作用？

如果头痛不是由生理原因或肌肉收缩（长时间、不自主地收缩）引起的，那它很有可能源于情绪。在压力大的情况下，我们经常会本能地紧张起来，但这会试图阻止情绪的显露及其强度的发展，或直接抑制情绪本身。此外，如果我们试图把以其他途径进入意识层面的意念压制下来，肌肉也会紧张、收缩。

这在心理层面也有所体现。身体为了让情绪过程立刻停下来，会"求助于"呼吸，而呼吸在身体感到紧张以及加强紧张的方面扮演重要的角色，实际上，我们确实是在呼吸变得短促时出现了头痛，而且越来越痛。

如何面对紧张性头痛？

所有人都知道一些家庭疗法，如冰敷额头或对紧张的肌肉进行热敷。这些方法可能有效，但最重要的还是放松，慢慢进行深呼吸。瑜伽会教授这种呼吸方法，市面上有很多这类主题的使人放松的磁带，许多网站[5]上也有关于这个问题的信息。

如果我们没有准备好去倾听自己，就很难真正摆脱紧

5　Jean GARNEAU, Michelle LARIVEY. *Savoir.... op. cit.*

张性头痛。所以，最好的组合行为就是进行深呼吸，同时
倾听自己。以下是我们的建议：

- 深呼吸，在每次吸气的同时放松腹部。
- 慢慢呼吸（每分钟呼吸六次）。
- 对于内心或身体出现的任何形式的反应都保持开放
  的心态。

■ 纠结

纠结本身并不是情绪，它是内心的一种状态。纠结和
迷惘很接近（我们将在伪情绪一章中讨论迷惘，本章先讨论纠结）。由于产生
的原因不同，这二者会有所区别。为了理解它们的本质并
恰当地使用它们，区分它们非常重要。

示例

1. 有人问我问题，我努力试着去回答，尽管这个问题
   让我很不舒服。我整个人很纠结。我告诉问我话的
   人自己没有能力回答他，因为我迷茫了。
2. 我试着厘清内心当下的状态，可我很害怕，不知道
   自己会发现什么。突然，我发现自己很纠结。感
   受、想法、感觉、反应，全部在我脑海中浮现。我

不知道自己在哪里，我的结论就是：我现在无法知道自己的内心发生了什么。

3. 轮到我在大家面前发言了，我突然感到一阵强烈的不舒服。我很纠结，以至于完全不知道该说什么。

纠结是什么？

当我们对于当前的经历同时产生了两种相悖的心理活动时，纠结的感觉就会出现：一方面是我们自己真实的意愿；另一方面我们又努力阻止这样的意愿产生。这样的结果就是纠结。

前两个示例清楚地展示了两股对立的力量，尽管"我"非常不情愿（没时间、害怕、拒绝），"我"仍试着做了些什么（回答问题、确定内心的感受）。"我"采取行动的意愿比内心的不情愿更弱，但"我"并不理会。这时候，纠结就出现了，阻止"我"去做不愿做的事。

示例3描述了一个与前两个例子非常相似但更复杂一些的现象。"我"感受到的不舒服已经使"我"试图消除内心感受到的信号，"我"的不舒服，可能是因为想到在众人面前发言"我"会感到害怕，而"我"不希望别人注意到"我"在害怕。所以，"我"努力让自己看起来很自然，同时在头脑中组织自己的语言。只是，"我"的注意力分散在了两边：一边努力掩饰自己的不舒服，一边努力集中注意力进行思考。因此，"我"就纠结了。

纠结有什么作用？

纠结是一种间接表达"不"的方式。我们要么完全没有意识到自己的不情愿，所以很难承认它；要么是意识到了，却不愿意考虑它。在某种程度上，这样的纠结是来"拯救"我们的。

纠结也是一个新的例证，证明我们的身体是最诚实的，即使有时候我们成功地欺骗了自己，身体也会背叛我们。当我们假装一切都很平静时，身体却会让情绪风浪出现。在我们主动逃避真实感受的情况下，纠结能够引起阻抗，它是身体给我们传达信息的途径。纠结让我们不得不去尊重自己的感受，同时又不用承担全部的责任，因为纠结承担了责任。我们认为纠结造成了困难，而我们需要解决这个困难，找出内心纠结的原因，整理我们的思路或者做出决定。因为我们不愿承认自己并不想回应，也不想观察自己内心的恐惧，更不想让别人看出我们不想公开谈论恐惧的尴尬。

如何面对纠结？

只要停下来并注视自己的内心，专注于内心的纠结，就可以让我们很快知道我们对于当下经历的最重要的感受是什么。然后，我们可以选择为自己的感受腾出空间，如果我们愿意的话也可以告知事件相关人。

如果只是关注纠结还不足以让我们摆脱这个情绪，那么书写的方式可以帮助我们。把在脑海里出现的想法、感觉、反应、尝试等按照出现的顺序写在纸上，然后找出对我们来说最重要的。大声说出来的方式，也会得到同样的效果。当我们允许对自己来说最重要的心理活动浮现出来的时候，纠结就会消失。

■ 昏厥

示例

1. 我一看到血就会晕倒。

2. 我一靠近我害怕的东西就会晕倒。

什么是昏厥？

昏厥（或晕厥）就是突然丧失意识，心跳减慢，大脑的血液循环不通畅，还会缺氧。昏厥的原因可能是无关紧要的，也可能是比较严重的，如心力衰竭或神经系统疾病等。有些人紧张的时候也会晕倒，我们认为这样的昏厥是由情绪原因导致的。似乎有些人更容易晕倒，十九世纪的时候，女士为了微不足道的小事晕倒好像非常流行，不是吗？有些人本来身体就有问题，在有压力的情况下，就会无意识地用昏厥来逃避。

昏厥有什么作用？

我们的身体承受痛苦有一定的阈值，超过这个阈值，我们就会失去知觉。情绪性昏厥也具有这种性质：昏厥让我们避免去面对自己所害怕的情绪状态。

➡示例 1

我一看到血，就会变得紧张，呼吸急促，充满了恐惧，伴随着其他生理反应，我晕了过去。这样也好，因为我害怕看到血，晕过去就不用去面对我害怕的情况了。

➡示例 2

我一靠近人多的地方，就会很紧张。我知道自己有可能会晕过去，也害怕会发生这种情况。我呼吸困难，越来越慌张……要么我赶快离开现场，要么脚下就像踩了棉花一样走不动。这样的情况再一次让我看到：因为我崩溃了，所以不必面对内心真正的感受。

这些例子说明了某些昏厥其实是情绪的回避功能在起作用。昏厥这种生理反应能够保护我们免受难以忍耐的身体疼痛，而情绪引起的昏厥能够保护我们免受比较"抽象"的精神痛苦。

如何面对昏厥？

正如疼痛会造成昏厥一样，我们需要清楚的是什么东西让我们害怕。

■ 疲倦

示例

1. 每当我准备谈论这个话题的时候，就感到非常疲倦。我知道从情绪层面来说，这个话题让我感觉很沉重。

2. 我哭了很久，感觉非常累。

3. 我们花了好几个小时讨论这件事，没有任何结果，我有种整个人被掏空的感觉。

什么是疲倦？

纯粹从生理角度来说，疲倦是疲劳的一种。如果疲倦不是由生病、功能障碍或功能缺失引起的，那就说明一个人消耗了过多的能量。

疲倦也可能是情绪消耗了过多能量引起的，如示例 2 和示例 3 描述的情况。但有时因为情绪而消耗的能量，没那么容易感受到。在示例 1 中，"我"感到非常疲倦，但并不觉得自己很努力消耗了精力。"我"很有可能在无意识中，用了很多精力阻止情绪的产生。这种努力，必然意味着身体的参与，从而导致了疲劳。

疲倦有什么作用？

疲倦意味着消耗了过多的能量。如果我们有充分的理由消耗精力去控制情绪，那么疲倦可能是一种警告，告诉我们强烈的情绪与我们正在思考的主题相关，我们正在阻止这些情绪的显露。有时候，当我们在经历了非常强烈且需要非常专注的情绪体验之后，会觉得很疲倦，这意味着我们的精神需要休息，也许身体也需要休息。

如何面对疲倦？

一般来说，如果我们连于疲倦的感受，情绪就会出现。当我们感受身体某个特定部位的疲劳时，我们需要在深呼吸的同时专注于这个部位。这样做，我们会放松下来，使紧张的情绪得以释放。与疲倦相关的情绪非常能够说明问题。当我们用尽全力，虽然非常疲倦，但是得到了期待的结果，我们会说："我很累，但是我很满足。"当我们在舞池里或滑雪场上消耗了所有精力，我们会说："我觉得很累，但这对我有好处。"当我们付出了很大的努力或竭尽所能却无功而返的时候，我们会说："我感到很累，像被掏空了一样。"当我们消耗了大量精力且严重超过自己的极限的时候，我们会说自己在"崩溃的边缘"。我们也可能因为烦躁而疲倦或因为平静而疲倦。无论如何，在感到疲倦的同时去感受随之而来的情绪，是连于内心最好的方式，也是根据自己的情绪体验采取行动的最好方式。

■ 发热

示例

虽然表面上看起来没发生什么特别的事，但我莫名觉得躁动。我不知道这躁动从何而来，也找不出什么理由来解释。我不知道自己的内心深处有什么可以使我这样的躁动。

什么是发热?

发热是一种身体状态。它让我们觉得自己在发热,但没有任何明显的理由可以说明为何会出现这样的状态。

发热有什么作用?

当情绪试图浮现,而我们却控制了它,由此产生的结果就是我们发热了。发热与焦虑的情况很像,但要比焦虑的程度低得多,情绪负荷和情绪强度决定了发热的程度。即使我们成功地控制住了情绪,但无法控制它的能量,所以情绪就转化成生理反应占主导地位的体验。

如何面对发热?

当发热的时候,我们能做的最合适的事情就是容许意念或情绪浮现出来。然而,因为我们已经有点进入防御状态了(这就是为什么是身体发热而不是情绪浮现出来),所以我们需要倾听自己。为此,我们可以:

- ◉ 用正常节奏的深呼吸代替节奏相对较快的短呼吸。
- ◉ 用一两分钟的时间专注于自己的呼吸。
- ◉ 调整好呼吸之后,倾听自己的感受。

■ 不好意思

同义词

尴尬，困扰

示例

我和几个同事在一起。其中一个人对我说了恭维的话，另一个也跟着附和。我感到很不好意思，无法控制地脸红了，从脸一直红到耳根、脖子。我不知道该怎样回应，每个人都看着我。我越来越不好意思，真希望大家转移话题，都散了才好。

什么是不好意思？

不好意思是当我们不愿意公开表达自己的快乐，假装自己无动于衷的时候出现的现象。恭维让"我"开心，但"我"不敢表现出来。不好意思是我们掩饰满足时产生的不安，经常伴随着紧张却愉快的嗤笑。嗤笑在这种时候可以降低一些我们所掩饰的情绪的强度。

不好意思有什么作用？

不好意思提醒我们：我们"卡"在两股对立的力量之

间。一股力量为快乐——在发生让人愉快的事情的时候我们的自然反应；另一股力量则努力阻碍我们表达出自己的快乐。俗话说："我们感到不好意思的时候，就不会有快乐。"[6]但需要注意的是，我们不好意思的时候，其实是知道自己感受到了愉悦。不好意思告诉我们，这里有快乐，但我们还没有准备好公开地体验这份快乐。要么是因为我们不愿意公开自己的快乐，要么是因为我们无法承认自己很快乐，我们觉得公开快乐会让人变得脆弱。变得脆弱，可能是由于其他人看到了"我"被恭维后的反应，导致"我"的需求之一被发现了。说到底，"我"没有承认自己希望被认同的需求，所以感到不好意思。

如何面对不好意思？

只要我们公开承认自己的愉快，不好意思就会消失。

■ 不自在

示例

我们一群人聚在一起聊天，慢慢地，大家一个一个离

---

6 法语谚语，在两种情境下使用：鼓励矜持的人表达自己，或讽刺麻烦别人的人毫无歉疚感。——译者注

开了。最后只剩下我跟另外一个人在一起，我觉得有点不自在。

什么是不自在？

不自在本身不是一种情绪，而是我们跟他人在一起时因试图隐藏某些事情而产生的不舒适感。我们不想让对方知道我们的感觉，故而将其隐藏了起来。我们想隐藏的东西可能是正面的，也可能是负面的。在这个人面前，我们以某种"双面"的形式出现：我们向他展示的一面，和我们自己正在经历的另一面。正是这种虚伪让我们不自在。

不自在有什么作用？

不自在首先告诉我们：我们试着向对话者隐藏些什么。所以它间接地指出我们在这个人面前拒绝或害怕承认自己的感受。一般来说，这意味着回避。回到示例中，"我"可能非常喜欢最后留下来的那个人，但不想表现出她对"我"有吸引力。也有可能"我"很生她的气，但不想让她知道。不管是哪种情况，"我"都在避免跟她诚实地沟通。

当我们感到不自在的时候，我们会希望逃开。我们可能真的离开，或以别的方式逃避，如专注于其他事情或谈论与我们的不自在完全无关的人或事。

如何面对不自在？

我们如果不是很清楚不自在背后的原因，就需要连于这个感觉。知道了原因之后，我们就需要决定是否告诉对方。如果我们真的告诉了对方，让他知道了到目前为止我们所隐藏的感受，不自在的感觉就会消失。但可以肯定的是，原本占据我们内心的不自在会让位给其他情绪——我们把自己真实的一面展现在我们觉得很重要的人面前而带来的情绪。如果说出我们的想法、感觉或反应，不自在并没有消失，那就是因为我们没有完全表达出来。我们需要再试一次，也有可能需要多试几次。

■ 紧张性偏头痛

示例

1. 我正在考虑请几天带薪假，因为我已经严重偏头痛三天了。

2. 马上要跟他面对面了，我却出现了一些偏头痛的迹象。

什么是紧张性偏头痛?

偏头痛是非常剧烈的头痛，它的特点是仅头部的一侧感受到疼痛，但也有可能是两侧。偏头痛除了疼痛之外，还会引起各种不适：对光和声音敏感，恶心，甚至呕吐。我们还不知道为什么有些人会患有偏头痛，有些人不会。可能有些人天生比较容易患上偏头痛，就像有些人天生比较容易背痛、长皮疹或产生其他一些具有表征性质的生理反应。

以下这些引发偏头痛的因素，相信每个人都很熟悉：例假前几天、压力、特别的食物。有些偏头痛可能纯粹是生理因素引起的，还有些是由情绪体验被压抑而引发的。矛盾的是，偏头痛往往出现在我们开始放松的时候，原因是我们在压力状态下分泌的肾上腺素可以抑制偏头痛。压力减小，肾上腺素的分泌也减少，对偏头痛的抑制就消失了。

紧张性偏头痛有什么作用?

有时，偏头痛的诱因是紧张，而紧张的本质是受到从外部而来的压力或对自己施加压力时身体收缩产生的状态。我们试图掌控自己的感觉或对感觉的表达，这会引起某些肌肉对血管施压，从而引发偏头痛或其他紧张性疼痛。

如何面对紧张性偏头痛?

偏头痛的根源与头痛相同，所以处理方法也一样[7]，只是偏头痛需要非常多的时间才能放松下来。因此，我们最好养成习惯，在症状刚开始出现的时候就立刻让自己连于被压抑的情绪。一般来说，我们如果很容易出现紧张性偏头痛，就必须学会放松。

■ 恶心

示例

1. 他们叫我做决定，我深知自己不想做决定，但我仍然试着按照他们所期待的去做。我打算违背自己的意愿对他们说"好"，可是我突然感到很恶心。

2. 一段时间以来，每到星期天，我一想到工作就感到恶心。

3. 这个节目让我非常震惊，甚至感到恶心。

---

7 Michelle LARIVEY, «Vaincre la migraine sans médicament », http://redpsy.com/infopsy/migraine.html

什么是恶心？

恶心，就跟作呕一样，是一种厌恶的感觉，有时候是身体出了问题，有时候是情绪体验的身体表现。在第二种情况下，恶心说明我们非常生气，或对方即将越过我们可以忍受的临界点。"心里作呕"很能够说明问题：不仅意味着我们心不在焉，而且说明我们所做的或即将要做的让我们的心很痛。

恶心有什么作用？

恶心让我们知道自己的界限被打破了，它也让我们知道自己很难消化已经同意的事，也就是说我们所做的决定并不适合自己。如果我们已经到了无法容忍的临界点，其他情绪就会先于恶心出现，因为恶心是情绪体验清单中的最后一个。恶心一出现，就意味着我们已经忽略了之前那些情绪试图传达给我们的信息。正如示例 2，在工作中不堪重负对"我"来说不是什么新鲜事，但"我"通常会轻视或忽略自己的感受及其背后的信息，因为"我"觉得解决这个问题实在太难了。示例 3 显示"我"在观看节目期间被各种情绪占据："我"感到震惊、激动，在某些时刻甚至感到非常生气。但"我"克制自己，没有表现出内心的感受，希望坚持到最后。只是后来情绪再也收不住了，"我"

感到恶心！在示例1中，"我"觉得自己是被迫做出决定的，所以尽量延迟这个时刻的到来，试图把所有相关的情绪都赶出意识领域，只不过现实没有放过"我"，"我"再也逃不了了。然而，去面对实在太难了。恶心让"我"知道，"我"如果再这样继续下去，就是在逼自己接受完全不想要的东西。这太过分了，到了让"我"心里作呕的地步。

如何面对恶心？

如果我们恶心到想吐，最好不要压抑，吐吧！我们已经给了自己太多限制，到了这个地步，放任身体自由能让我们舒服一些，即使我们需要经过一个不太舒服的阶段。当我们呕吐的时候，让我们恶心的主题可能会在脑海中浮现。

如果恶心的感觉较轻，我们需要连于这种感觉，努力去识别到底是什么东西让我们如此困扰。如果我们愿意留心，就能够更好地接收到恶心间接告诉我们的信息。

如果我们经常感到恶心，有可能是这种方式能够让我们守住自己的界限。每次使用的时候，我们发现这样做能让我们避免去经历很多痛苦。借由恶心，我们就不需要公开地表明自己的不认同和拒绝，会让恶心来承担这个责任。

➡️示例 1

> 我可以说我现在不可能做决定，状态太差了，很恶心。

"我"宁愿让自己处于恶心的状态，也不愿坚定地说"不"，这意味着说"不"一定非常困难。无论如何，知道恶心背后的情绪，承认自己真实的感受，是建构自我肯定的第一步[8]。

■ 紧张

示例

1. 我正等待面试，这个过程真的太让人紧张了。

2. 我是个很容易紧张的人。

什么是紧张？

紧张是一种兴奋的状态，它可能是内在的，也可能表现为外在的躁动。有些时候，引起紧张的原因是纯物理性的，如使用了麻醉剂或服用了药物；有些时候，它的起因

8　Michelle LARIVEY, « Transfert et conquête de l'autonomie », http://redpsy.com/infopsy/autonomie.html.

是心理层面的。

紧张中的兴奋，是令人不愉快的。而且，我们不太清楚具体是什么原因让我们紧张。此外，当我们紧张的时候，我们总是倾向于寻找过度累积的情绪的出口，而不是集中注意力，试着去找出让我们紧张的确切原因。紧张的时候，我们会呼吸紊乱，而紊乱的呼吸再度强化了我们的紧张。在这样的情况下，我们绝对不可能面对自己的内心，勉强自己去面对反而有可能发怒。

紧张有什么作用？

紧张说明发生了重要的事情，同时说明面对这件让我们紧张的事情时我们感到处理困难，所以就通过分散注意力来逃避问题。例如，"我"在等待面试的时候感到紧张（示例1），抽了一根又一根的烟，来回踱步，不断敲着沙发的扶手……

一般情况下，紧张的人会处于兴奋的状态，而且只能非常表面地连于当下的感受。在此过程中，他回避了大量的情绪，许多情绪过程都未完成。所以，必然在某个时刻，他再也无法承受，会说自己神经紧张，甚至可能歇斯底里。

如何面对紧张？

我们如果希望自己不再紧张，那么就需要进入紧张所掩盖的某一个情绪过程中，专注于自己，即接受当下的情绪，并让该情绪浮现出来。有些工具可以帮助我们学习这一点。例如，聚焦、懂得感受是很好的工具[9]。

■ 惊恐

与惊恐相关的情绪体验

恐惧、慌乱、焦虑、恐惧症

在这些情绪中，我们有必要区分惊恐发作和恐惧症中的恐慌。这些情绪体验都有基本相同的性质，但对于每种情绪的处理方式不一样。

■ 恐慌

示例

1. 我丈夫刚刚跟我说他要离开我，我吓坏了！

---

[9] E.T. GENDLIN. *Le focusing, op. cit.*, et Jean GARNEAU, Michelle LARIVEY. Savoir.... *op. cit.*

2. 大家叫我发言，我吓坏了。如果我发言，我可以肯
   定那是灾难现场！我会结巴……

3. 尽管我很怕水，但还是冒险出海了。因为我没什么
   经验，所以小艇很快被海浪掀翻了。同伴劝我把船
   翻过来，我完全不听，脑子里只有一个想法：他没
   有穿救生衣，这才是最需要优先解决的事！他跟我
   说没必要。船只对他而言就像浮标，我们得赶快把
   船翻过来，因为这里有梭鱼出没。我没有听他的，
   还是坚持要他先穿上救生衣。

什么是恐慌？

恐慌是一种预见性情绪。恐慌与恐惧不同，恐慌的时
候我们并没有连于现实中的危险情况。我们不是通过直面
危险来进行防范，而是想象灾难性的后果和场景。这时，
我们不太可能合理地处理我们所害怕的情形，因为这些情
形与现实的差距太大了。这种夸大的想象可能会在几秒内
让我们完全失去理智，无法采取任何行动（示例3）。我们一
旦开始恐慌，就会变得更加恐慌。最初的恐惧引发一系列
预见性的想象，这些想象刺激我们更加恐惧，如此进入恶
性循环。

恐慌会引发各种身体和生理现象。呼吸被干扰：有些

时候是呼吸不顺畅，变得短促而不连续；有些时候，恐慌会让我们过度呼吸。情绪激动也会导致心率上升，甚至引起心悸。这些反应导致身体的各种不适，身体不适反过来又会加剧恐慌，让身体更加不舒服。这样，我们就处于一个不断螺旋上升的情绪漩涡中。

恐慌有什么作用？

恐惧是生存必不可少的情绪，它可以让我们知道有潜在的危险，让我们准备好去面对威胁我们的人、事、物。恐慌带来的结果恰恰相反。所以，我们不能把恐慌当作恐惧，恐慌只是不断累积想象中的问题，再根据想象预先做出反应。我们恐慌的时候，没有能力预见情况的演变及其过程中的每个阶段。我们不是在找解决问题的方案，只是叠加想象出来的问题。因此，恐慌与恐惧不同，是有害的。恐慌让我们无法有效地处理我们的恐惧，分散了我们对当下情况的注意力，让我们无法采取措施确保自己的安全。前面的示例很好地说明了这一点。

在示例 1 中，离婚的想法让"我"产生了各种恐惧：害怕离婚后的孤单，害怕孩子的负面反应，担心经济上的困难，担心年老后的生活，等等。这其中，有些恐惧是可以立刻进行处理的，这样就可以减少问题的发生。"我"可以找一些方法帮助孩子度过这段时期，讨论解决经济困难的可行方案，等等。而至于更远的规划，如年老之后的生活，"我"现在也无能为力，更无法精准地预测离婚后和拥有了很多生活经历之后的自己会如何看待孤独。示例2也描述了同样的预见性现象，但所预见的事情发生在不久的将来。"我"没有思考自己为什么会害怕到失去应对的能力，或至少试着与恐惧共存，而是想象了一系列灾难性的后果，最终惊慌失措。至于示例3，无须解释，我们就能理解：恐慌只会让我们做事没效率，而且会带来很大的危险。

如何面对恐慌？

首先，我们需要摆脱预见性的恐慌螺旋，专注于当下。有时候，其他人的提醒能够帮助我们脱离困境。有人提高嗓门对我们说："喂！你太激动了！深呼吸！看着我的眼睛，深呼吸！"当然，我们自己也可以这么做，越简单的动作，就越容易做到。然后，慢慢地深呼吸，以便让身体平静下来，减轻由呼吸急促带来的窒息感。

恐慌加剧的时刻，我们需要重新连于引起恐慌的原因，并专注于这个源头。

➡示例 3

　　好吧，我在水里了。我慢慢地呼吸，看看四周，并没有什么危险。我抓住了船，我的同伴也抓住了。他看上去很平静，应该不担心溺水。好吧，我按照他说的做。"深呼吸，就是这样。"然后再重复几次，现在，我需要专心地把船翻过来。

关于过度换气，请读者参考本章最后的"其他与情绪阻抗相关的生理现象"部分。

■ 惊恐发作或焦虑障碍

示例

我正在开会，没有特别明显的原因，就突然感觉很虚弱，全身冒冷汗，心跳很快，我觉得自己像快要死了一样。

什么是惊恐发作？

惊恐发作是极度的焦虑发作，我们可以说它是长期被关闭或控制的焦虑的阀门。这种焦虑的发作完全出乎意料，看上去似乎没有任何触发原因，实际上是有的，只不过在惊恐发作的当下身体反应占据了我们注意力的全部。一般情况下，只有等发作结束，我们才能找到蛛丝马迹。客观来看，引起发作的事件微不足道，甚至很难察觉，但对于我们来说是非常重要的：可能是谈话中的一个词、一段涌现的回忆、突然出现的气味，也可能是"我可能会害怕"这样的想法。下面这个例子可以让我们看到触发事件和惊恐发作之间的联系。

一个男人多次受到惊恐发作的困扰，以至于他几乎不敢踏出家门。几年前，他被一群暴徒袭击，当时是他第一次惊恐发作。他试图找到发作的根源，当时自己很想反抗这场无端的袭击，只是因为害怕袭击者变本加厉而没有做出反应。然后，他还把好几个性质一样的事件跟这次事件联系在一起，在这些事件中，他都受到了粗暴的、不公平的对待。除此之外，以前还发生过税务调查员出于非常不合理的原因让他几乎破产的事件。他的整个童年都活在严厉的、专制的母亲的暴力之下。他的婚姻生活也是一场灾难，他总觉得妻子对他很过分。他承受了太多，至今仍在承受，只是他没有过多地去关注自己的痛苦，因为他觉得在妻子面前，自己无能为力。他直至今天，都在努力咬牙坚持，完全没有意识到每一段经历给他带来的影响及这些情绪的累积。他再也无法忍受了，可他仍然选择忽略情绪发出的信号。

　　惊恐发作的时候，触发事件虽然没有被当场识别出来，但会激发一种情绪，导致肾上腺素激增，让我们产生一系列受到攻击后才会有的生理反应：心跳加快、胸闷、燥热、冒冷汗、发抖、打冷战、肚子痛、恶心、喉咙发涩、腹泻、虚弱。发作的时间从五分钟到一个小时不等，平均持续二十分钟左右。如果我们不理解发生了什么，这样的生理反应会让人很慌张，因为反应很强烈，具有攻击性，让我们觉得自己生病了，甚至要死了。我们的第一反应通常是去看医生，而如果我们真的是惊恐发作，医生是查不出病理性的原因的。

惊恐发作有什么作用？

　　惊恐发作是一个警告的信号！身体告诉我们，我们忽略了一个或多个重要的信号，它已经不能承受因此而来的压力了。如果焦虑释放的信息都不足以让我们引起重视，恐慌只好出场了。正如焦虑一样，恐慌是症状，它不是问题本身，而是问题的信号（就像发烧不是问题，而是身体出了问题的信号）。有些人轻视自己生命中出现的问题，强迫自己去容忍那些令人无法接受的情况，或忽略对个人生存而言很重要的问题。简言之，这些人容易拒绝让对自己来说重要的问题进入意识层面，他们患上焦虑症的概率很高，甚至有一天会患上恐慌症。事实上，我们的心理状态如其他的生命体一样，寻求一种平衡。我们的心理状态不能忍受我们把那些妨碍生存的问题搁置得太久。焦虑就是我们的心理平衡被打破的时候发给我们的第一个信号，如果我们不回应这个信号，焦虑就会增加。这时，惊恐发作既是焦虑阈值过高的表现，也是心理状态发给我们的更加强烈的信号[10]。

如何面对惊恐发作？

在惊恐发作的征兆出现的时候，首先试着找回正常的呼吸节奏。然后，寻找可能引起发作却难以被察觉的想法或情绪。如果这个想法是"我有可能要惊恐发作了"，我们就比较容易恢复理智。如果发作似乎另有原因，我们绝不能弃之不顾，而是需要连于触发惊恐发作的情绪——接受情绪能让我们感觉好一些。这样，情绪被接受了，我们就安心了，也不再有情绪发送信号了。

10　Jean GARNEAU, « À quoi servent les émotions », *op. cit.*

然后，我们可以想一想哪些是我们主观所认定的"真理"（可以是某个感觉、情绪、想法），即使我们怀疑这些"真理"是否真的有道理。我们总是倾向于轻视或拒绝自己的焦虑，所以需要认真对待这些"真理"，它可能是这样表述的：

就在我开始感觉不好之前，我想到了我的妻子。她的工作真的是太忙了，我们不再拥有二人世界了。

或者：

就在我开始感觉不好之前，我对自己说：如果我脸红了，他们会觉得我有问题，我看起来像疯了一样。

接着，我们需要接受，我们找出来的"真理"对自己来说确实是个问题，目前我们还不了解这个问题的棘手程度，这并不是我们拒绝面对这个问题的理由，这个问题很可能只是冰山一角。

最后，我们需要仔细研究这个问题，这样才能真正去理解和解决该问题："我"的妻子工作多这一事实对"我"有什么影响？这些人的判断对"我"有什么影响？然后，当我们试着按照惊恐发作的原因解决问题时，我们会发现焦虑的症状慢慢减轻了，因为它们不再有存在的理由了！

接下来一段时间，我们或许仍然会有对惊恐发作的恐惧，但这样的倾向也会慢慢消失。

容易焦虑、惊恐发作（还有恐惧症）的人特别容易回避情绪和情绪层面的问题。回避其实是他们为了不去面对自己真正需要面对的问题而建立的防御机制，这样的倾向让事情变得更加困难，因为问题的解决从来不会自动、神奇地发生。只有不断努力地练习接受情绪体验，变得对情绪敏感，我们才能学会。不过，既然这是摆脱充满恐惧的生活的唯一方法，为之努力还是值得的。

人们越来越倾向于靠抗抑郁药物来抑制惊恐发作，药物对于一些希望减轻当下过重情绪负担的人来说短期内确实是有效的。但心理咨询师很清楚药物可能带来的隐患——这在他们的患者中普遍存在，就是能够减少焦虑和压力的药物，往往会让患者忽略恐慌（或焦虑）的根源问题。根源问题没有解决，抗抑郁药物也不能治愈惊恐发作，尽管今天的神经生理学试图让我们相信：几乎所有的情绪问题都归因于神经递质的不平衡。药物确实缓解了症状，但恐慌的根本原因并没有得到解决。目前的研究能否证实恐慌是"细胞信使"的不平衡造成的？还是反复的焦虑（即过度的情绪控制）造成了这种不平衡呢？

■ 从惊恐到恐惧症[11]

示例

我有人群恐惧症。每当坐在音乐厅里，我就很担心自己会窒息。我很惊恐。

惊恐如何演变成恐惧症？

有时候，若一个问题被忽视了太长时间，惊恐之后就会出现恐惧症。惊恐发作之后（就像前面的示例一样），若没有借此机会找出到底哪里出了问题，我们就会开始害怕去某些特定的地方——惊恐发作的地方。例如，在公共场所或封闭场所（如在电梯里），或者在受限制的空间（如在飞机上），或者在很高的地方（如在桥上），我们就开始惊恐，这样很快就会发展成关于这些地点的"恐惧症"。对于另一些人来说，他们可能不是因为地点产生恐惧症，而是因为动物，但症状是一模一样的：看到这些动物就感到焦虑。事实上，这些动物形象指向的是我们内心被忽略的东西。

11　Michelle LARIVEY, « La phobie démystifiée », http://redpsy.com/infopsy/phobie.html

恐惧症有什么作用？

患有恐惧症的人会忽略焦虑、惊恐和恐惧症的信息提醒，他们唯一的反应就是远离触发这些情绪的地方或动物，以此来保护自己。他们确实认为人群、电梯、狗、蜘蛛是他们感到不舒服的原因，即使这看起来很荒谬。实际情况是恐惧症中的回避机制非常完善，以至于这个机制如同条件反射一般被触发，而且扭转了局面：内在的问题转移到了外在。恐惧症患者不再把恐惧的目光投向自己的内在冲突，转而投向想象中的外部危险。只是对他们来说，真正应该做的事情是相反的。他们应该停下来，关注内心发生的事，倾听内心的呐喊，查看自己到底出了什么问题。这个问题通常对他们来说是非常容易回答的。

在上文的示例中，"我"在观众席一坐下来，就会感到惊恐。这说明现场的情况让"我"想起令"我"不舒服的感觉或画面。只是，"我"没有停留在这种不舒服里面，也没有问问自己到底是什么让"我"产生了窒息般的恐惧感（"我"知道这种恐惧是非理性的），而是忙着想象各种灾难性的画面："我"感觉很糟，接下来会发生什么？如果"我"晕倒该怎么办？如果"我"表现得像疯子一样该怎么办？"我"惊恐极了，惊恐从内心转移到观众席上的人群，回避机制就这样达到了目的："我"完全失去了与真正产生焦虑的源头的联系，完全沉沦于为避免面对真正的问题而制造出来的一系列虚假危险中。

如何面对恐惧症？

仅靠脱敏治疗[12]不足以治愈恐惧症。实际上，我们如果得了恐惧症，最终都必须面对我们恐惧的对象，但这不是首先要处理的。我们首先需要做的是找出恐惧症转化的根源问题，换句话说，问问自己"我的生活到底哪里出了问题"。一般情况下，回答这个问题很容易，因为我们总是置身于困扰我们的事情中，比较难回答的是如何找出解决方案。然而，只要我们投入一点儿时间去了解自己的恐惧症，马上就会发现事情有了变化。问题慢慢得到解决之后，恐惧症自然就会消失。

着手"清理"自己的生活并非易事，所以不要惊讶，我们确实需要心理咨询师的帮助，他们能帮助我们驾驭自己的内心世界，能够教我们如何倾听自己的感受，这对于解决我们生命中已经出现或可能还存在的问题来说，至关重要。

----

12 脱敏治疗就是让恐惧症患者暴露在他所恐惧的对象面前，逐渐增加强度，让他慢慢适应与之相处。

■ 脸红

示例

1. 情绪一激动，我就脸红了。

2. 我一旦感到窘迫，就会脸红。

什么是脸红？

脸红现象是非常普遍的，肤色浅的人脸红更容易被发现。从生理的角度来看，脸红是因为血液流向了脸部，通常由一些情绪，如恐惧、生气、悲伤引起。当我们有情绪时，如果内心出现了宣泄情绪和压抑情绪的冲突，似乎更加容易脸红。有的人在产生这样的冲突时，可能会结巴、记忆力减退、注意力不集中，甚至昏厥。有的人的皮肤特质让他们更容易脸红。此外，也有心理因素的介入：在感到尴尬的时候脸红，意味着我们处于戒备状态，哪怕感受到脸上或脖子上的一点点热度，我们都需要努力去控制。因此，脸红的时候，我们不仅要去控制情绪，还要去控制脸红，得到的结果跟我们的期待恰恰相反：我们的脸更红了。

脸红有什么作用？

我们如果接受脸红这件事，就会把它归结为一种伴随着情绪产生的生理反应（正如我们在示例1中所看到的），那么，它对我们来说就是一种感受，正如大笑时肚子会抽筋一样。如果我们无法接受脸红这件事，那么脸红则暴露了我们伪装的企图——我们想掩饰自己的尴尬、不安。对情绪（脸红的情况下可能是满足或快乐）的拒绝导致我们尴尬，对尴尬的掩饰让我们感到不舒服，开始脸红。脸红还能够让我们停止连于自己的感受。

有些时候，脸红甚至表示我们发现自己正要脸红，对此感到惊讶却拒绝表现出惊讶来。此外，抗拒脸红也说明了我们拒绝承认自己的个性特征。

如何面对脸红？

审视自己（如果还没有这样做的话），目的是了解自己是否为了掩饰尴尬而脸红了：我单独一个人的时候会脸红吗？只有在别人在场的情况下才会脸红？然后，确定是什么情绪触发了脸红的反应：是我觉得舒服的情绪吗？我在别人面前可以感受这种情绪而且不会觉得尴尬吗？不管怎样，我们如果抗拒脸红，就需要做一些心理建设，接受自己就是如此"与众不同"，也就是说更容易脸红。我们的不同之处隐含了我们所经历的一切，每个人都是一个独立的存在，与其他人所经历的就是不同。

■压力

示例

1. 我感到压力很大。

2. 我在经济上非常拮据，这给我带来很大的压力。

什么是压力[13]？

压力是一个通用词语，是有机体在面对攻击时的反应，或面对引发这些攻击的压力源或因素时的反应。所谓有机体的反应，指的是生理、心理的动态反应。造成压力的因素，通常指的是对身体施加的过分行为（高分贝噪声、浸入热水中、巨大的情感冲击、巨大的烦恼）。

只要身体能够在合理的时间内恢复平衡，承受压力就是正常现象，而且压力的存在可能是有益的。但如果压力反复出现，或者没有很好地管理压力，保持平衡的反馈机制就无法有效地发挥作用，我们就会出现身体或心理问题。

心理压力

心理压力通常指的是我们在面对内部或外部影响时产

---

13 Jean GARNEAU, « Le stress: causes et solutions », http://redpsy.com/infopsy/stress.html

生的一系列情绪反应，它可能是暂时的压力，也可能是长期的情绪反应。出现心理压力很正常，因为在生活中我们会不断地在满足自身需要的道路上遇到障碍。有些事件(压力源)会影响我们的心理，引发各种情绪。

在示例 2 中，压力可能包含了不安、泄气、对某些事情的愤怒和失望。而示例 1 所使用的"感到压力很大"这样的表达方式就跟"感觉好"或"感觉差"一样模糊。所以，要想掌握压力这种状态，我们需要识别组成压力的情绪。

有时候，压力就是简单的神经紧绷状态；有时候，压力是"卡住"的感觉，承受重压、认为情况无解，这些都会让我们感受到压力。然后，我们会感受到各种情绪，这些情绪让我们知道压力到底由什么组成。明确了情绪的组成之后，我们就能确定如何管理压力以及需要采取的行动。我们在承受压力时的处理方法，正如处理生活中其他状况一样：可以选择充分体验情绪或在情绪过程的某个阶段阻止这个过程。如果我们干扰情绪自然发展的过程，必然会引发问题，其中包括身体问题：头痛、肌肉酸痛、消化困难。如果我们没有采取适当的行动来应对压力源，身体的这些反应必然会更加严重，焦虑或忧虑之类的心理问题也有可能出现，甚至成为持续的状态。如果焦虑或忧虑持续的时间太久，很可能会转化成较严重的心理问题：惊恐发作、恐惧症、情绪衰竭、情绪抑制耗损、抑郁。心理压力过大的人真正的危险是这样的：如果他无法在做决定或采取行动的时候尊重自己的感受，压力带来的后果就会不断累积，造成心理和身体上的伤害。在某些特定情况下，压力过大会导致职业倦怠[14]。如果我们经历了创伤性事件，没有努力完全消化这件事，压力可能会发展成长期持续的创伤后应激障碍。

医生和心理学家越来越相信某些疾病与不良或过度压力之间存在着联系，即使目前的研究并未就此主题给出明确的结论。压力会刺激肾上腺，而皮质类固醇（处于压力的情况下肾上腺分泌的激素）则具有降低免疫系统能力的特性。

压力有什么作用？

压力是身体对于需求和内外部施加的影响做出反应的能力，无论是想拥有高品质的生活，还是仅仅为了存活下去，处理压力都是至关重要的。在变化莫测的人生旅途中，如果我们完全无法承受情绪带来的压力，我们将会变成什么样？如果无法处理日常生活中的大小问题，我们将会变成什么样？如果压力的"弹簧"机制不存在，我们面

14　Jean GARNEAU, « Le burnout⋯ », *op. cit.*

对困难将束手无策、毫无力量，也将无法找到解决方案或去适应情况。得了职业倦怠的人就是这样，他们的生理和心理系统在某种程度上完全失去了"弹性"，无论面对何种压力都不再有"反弹"的能力。

如何面对压力？

如果压力处理得好，基本上不需要特别的干预。然而，如果我们觉得压力正在伤害我们，就需要好好检查了。有很多工具，包括网上的，都可以评估压力水平及其症状的严重程度[15]。

■ 紧绷感

示例

我的下颚有点疼，我能感觉到它非常紧绷，必须很努力才能张大嘴巴。这就是下颚的肌肉紧绷感。

什么是紧绷感？

紧绷感是肌肉用力导致的收缩。除了高强度的运动带

---

15 Jacques LAFLEUR, Robert BÉLIVEAU. *Les Quatre Clés de l'équilibre personnel*. Montréal, Les éditions Logiques. 1994, et le TUC (test d'usure de compassion). http://redpsy.com/pro/tuc.html.

来的肌肉收缩之外，还有一个有效的方法能够体验紧绷感，就是减弱呼吸，这是我们在紧张的时候自然而然会做的事。

什么是紧绷感？

我们为了避免感受到不舒服或疼痛而"制造"了肌肉紧绷，有时为了不去感受情绪，我们也会这么做。因此，肌肉用力是把情绪从意识层面赶走或降低情绪强度的一种手段。有时候，我们的身体紧绷，并非为了不去感受全部或一部分情绪，而是要阻碍情绪的表达。如果我很生气，但我要抑制愤怒的情绪，我当然不是用精神去抑制，而是用身体。我可能通过下颚来控制，也可能用另一个肌肉群，如颈部或背部的肌肉群。现在想象一下，我非常清晰地感受到了自己的愤怒，但不想完全表现出来，所以我说话的时候要控制自己，收紧口腔肌肉让自己少说一点。即便不是这样，我可能也会头疼，即紧绷的感觉转移到了其他地方。肌肉紧绷也可能在我们不知不觉的时候累积起来，我们可能完全意识不到：看完一场恐怖电影之后，我可能感到整个颈项都是紧绷的，虽然我并不觉得自己排斥了某种情绪，但实际上几乎在看电影的整个过程中，我都屏住了呼吸，离开电影院的时候更是头疼得厉害！

如何面对紧绷感？

缓解肌肉紧绷需要释放被抑制的情绪[16]。要做到这一点，首先，我们需要慢慢地深呼吸，这是让我们放松下来的唯一方法。如果肌肉的紧绷感很强烈，我们需要找出它具体是在身体的哪个部位，一边继续去感受，一边持续缓慢地深呼吸。这样做，我们通常就能够接收到自己试图控制的情绪或心思。

尽管这个练习非常简单，做起来却不见得那么容易。有时候我们可能对自己的感觉没那么开放（我们正是因此才会有紧绷感，不是吗），如果是这样，我们自己的意愿就不足以让被拒绝的情绪再次浮现出来。我们最好自我审视一下，去看看到底是什么让我们在这个时候拒绝敞开心扉，而不是逼自己一定要敞开心扉接受情绪。

■ 抽搐

示例

1. 当我必须在别人面前说话的时候，我经常觉得自己面部痉挛，嘴唇也抽动得像惊慌失措的蝴蝶，这种

16　Jean GARNEAU, Michelle LARIVEY. Savoir..., *op. cit.*

时候，我总是尽自己所能控制这些举动。这样的情况经常发生，但我无能为力。

2. 我曾经遇到非常极端的情况，这让我很困扰，从那以后，我就发现自己得了抽动症。

什么是抽搐？

抽搐是一种抽动的动作，是自动、不必要的姿势或反复、不自主的肌肉收缩。这些动作没有实际的意义，只是能量的出口。抽搐有可能是生理问题如肌肉痉挛表现出来的症状，这样的抽搐我们称之为"抽筋"。

抽搐有什么作用？

情绪引起的抽搐是控制情绪失败的结果，一个很典型的例子就是在与人互动的过程中，我们为了不让对方看出我们真正的感受，努力把情绪隐藏起来。抽搐正是掩饰失败的表现，与尴尬时的手忙脚乱或紧张时的结巴相似，但不同的是我们自己一个人的时候也有可能抽搐，通常发生在我们努力控制的情绪太过强烈的时候。在某种程度上，抽搐是一个安全阀。例如，在我们受到情绪冲击的时候，不可能快速消化完出现的所有情绪，那么我们就会完全沉浸在情绪中或内心充斥着非常强烈的情绪。这时，如果我们不让这些情绪自由地流露出来或还没有准备好接受这些情绪，我们的身体就会找到发泄部分情绪的出口。抽搐就是这些出口之一。

当我们非常疲倦、情绪大爆发或体力不支的时候，我们的防御机制往往处于较弱的状态。我们如果以前就抽搐过，在这些时候就更容易发生抽搐。然而，一般来说，我们试图压制的情绪越强烈，我们就越需要体力去控制情绪，完全控制住它的概率就越低。因此，抽搐给我们的信号就是我们在压抑自己的感受，理由是我们希望与它们保持距离或我们还没有准备好在别人面前坦然承认它们。

如何面对抽搐？

对于为了摆脱情绪控制而引起的紧张型抽搐，我们需要习惯于在别人面前放下掌控感。换言之，试着做到在别人面前坦白自己的情绪。这需要非常努力地去练习，但在不断练习的过程中我们会逐渐看到令人鼓舞的成果。

■排汗过多

示例

1. 我向他表达了自己的感受。我当时肯定汗流浃背。

2. 在人群中时，我不是很舒服，有时会非常害怕，而
   且会大汗淋漓。

什么是排汗过多？

出汗后汗水蒸发，身体冷却。出汗由参与身体冷却系统的下丘脑控制着，也受两种激素 _(肾上腺素和去甲肾上腺素) 分泌的影响，这两种激素会在我们害怕的时候刺激身体产生汗水 _(示例2)。

我们的身体出现了问题 _(如发烧、内分泌失调)，服用药物产生了生理反应，吃了辛辣的东西或在剧烈运动的时候，都有可能出汗或排汗过多。但出汗的原因也可能纯粹因为情绪。

排汗过多有什么作用？

有些人排汗过多不是因为害怕自己的情绪，而是因为抑制了情绪的强度。我们可以理解为情绪太强烈，却不能发泄出来，只能另找出口，出汗就是出口的一种。示例1就属于这种性质："我"的情绪太过强烈了，"我"害怕完全表达出自己的情绪，试图淡化对情绪的表达，所以汗流浃背。这个例子中，"我"试图隐藏的不是情绪，而是情绪的强度，因而是对情绪强度的控制 _(或害怕被人看到情绪如此强烈)

导致了出汗。不管出汗是由生理因素还是心理因素导致的，都是身体失去平衡的反映，是身体为了减少失衡做出的紧急反应。

如何面对排汗过多？

在情绪出现的时候，对情绪及其强度保持开放和接受的态度可以缓解出汗过多的情况。为此，我们需要留意自己的情绪状态，允许自己充分体验感觉，并视情况决定是否将它表达出来。

外来的干预（如博文技术[17]）可能有助于调节自主神经系统的功能，这样的干预可以间接地影响不受控的出汗现象。

■ 发抖

示例

1. 我很生气，气得全身发抖。

2. 我看着镜头的时候，双腿抖得厉害。

3. 危险过去之后，我抖得像片飘落的叶子。

什么是发抖?

身体发抖如果不是因为神经系统的问题，那么很有可能是由持续的肌肉紧张引起的。例如，在我们无法完全压制太过强烈情绪的时候，或在我们无法控制情绪表达的时候，身体都会发抖。

发抖有什么作用?

发抖可以释放一部分情绪能量。我们在控制情绪的强度时，肌肉需要用力；当情绪太过强烈或被压制的时间太长的时候，肌肉就可能控制不住。示例 2 很好地说明了这一点："我"把紧张的情绪控制得足够好，"我"的上半身和"我"的声音都没有表现出"我"在紧张，但"我"的控制不是百分之百成功的，因为"我"的腿在发抖。示例 1 恰恰相反，"我"的怒气或愤怒已经强烈到"我"无法控制的地步。有可能"我"本来就不想完全控制它，只是想控制到能让自己接受的程度。这时，"我"需要放松一部分自己对情绪的控制，经过这样的放松，情绪的部分能量找到出口，"我"就发抖了。这种情况，我们称之为"气到发抖"或"怒到发抖"，其实更准确地说，应该是我们为了让情绪的表达更加缓和而发抖。

我们在害怕过后也会发抖，这是因为肌肉突然间松弛。面对危险的时候，身体的某些肌肉群会处于紧绷的状态，在危险消失以后，肌肉有时会突然放松，引起发抖。要么是因为情绪负担过重，没有办法一下子全部释放出来；要么是因为我们在震惊的情况下需要保持一定的紧张程度，这样的情况不允许我们全然放松。这时，情绪的释放就会断断续续地进行。

发抖的时候该怎么办？

我们只要容许自己发抖，症状就会减轻。这样能够释放身体的紧绷感，让自己的情绪及其能量得到释放。如果我们在试图消除或压制感受的时候发抖了，那么发抖过后感受就会浮现；如果我们在抑制情绪表达的时候发抖了，情绪的表达反而会更强烈。惧怕过后的发抖也是如此。让身体发抖吧，这是消除紧绷感和情绪带来的生理负担的最好方式。

■ 空白感

示例

1. 我大脑一片空白。

2. 我试着弄清楚自己的感受，感受到的却是一片空白。

什么是空白感?

当我们成功地抹杀了当下重要的意念或情绪时，我们会感到大脑一片空白。这样的空白可能是暂时的，也可能持续一段时间。大脑一片空白，就是突然断片了：某个想法或情绪令我们不安，但对当下的我们非常重要，它突然出现在了我们的脑海里，却被我们赶走了。我们想屏蔽一段重要的情绪体验，因而不自主地制造了空白感，我们仿佛在心里说："重要的是刚才出现在我心里的事，所以现在我必须花更多时间停留在这个时刻。"

有时这种空白感可能会持续下去。暴饮暴食的人就是不断用食物来填满空白感。我们可能认为空白感是他们严重缺乏情感满足的指标（这样说基本没有错），但情绪过程表明这类人感受到的空白感来自对情绪的压抑。现在很流行的说法"吃掉情绪"恰好说明了这一点。当事人有空白感的时候，正是情绪被压制的时候。为了填补空白感，他们选择吃东西的方式，而他们原本可以让情绪浮现出来。抹掉某种情绪或某个重要的意念会引发各种情绪体验，如烦躁、焦虑、发热和尴尬，而空白感与这些情绪体验不一样的地方在于当事人成功地控制住了情绪，情绪立刻从意识层面消失了。

治疗精神问题的药物也可能引起空白感，这类药物的作用通常是降低服药者感受到的情绪强度，甚至直接感受不到情绪。服用药物后，服药者就会感到大脑一片空白，无法进入当下的情绪过程。

空白感有什么作用？

空白感让我们知道，我们拒绝了当下的情绪体验，同时给我们指明了一条出路。

如何面对空白感？

如果我们希望找回被自己抹掉的感受，只需要连于空白感。向所有出现在意识层面的感觉敞开心扉，情绪一定会再次出现。情绪再度出现时，我们只要接受它、感受它就可以了。

■ 其他与情绪阻抗相关的生理现象

还有很多其他与情绪阻抗相关的生理现象，以下列举一些，并对它们的性质以及找回情绪的可能措施进行简短说明。

呼吸困难：呼吸不够顺畅、没有吸入足够的氧气就是呼吸困难。我们紧张的时候往往容易呼吸困难。

该怎么办？用正常的节奏深呼吸让自己平静下来。

哮喘发作时，呼吸道变窄，呼吸变得困难。情绪可能是哮喘发作的原因，而且通常是我们难以接受的情绪。

该怎么办？哮喘发作期间我们除了努力恢复呼吸之外，其他的也做不了什么。有一个偏方是把水和粗盐放在舌头下面[18]。在某些情况下，意识到哮喘发作的起因是对情绪的拒绝，这有助于减少我们的压力。但从长远的眼光来看，我们还是需要做必要的心理工作去接纳自己的情绪——尤其是那些我们害怕的情绪。

过度换气：大脑吸入过多氧气就会引起过度换气的症状，呼吸变得急促而沉重。尽管如此，我们还是会觉得呼吸困难，手指逐渐变得麻木，在握紧拳头的时候手变得僵硬。有些人不自觉地通过过度换气来拒绝威胁他们的情绪。

该怎么办？首先停止过度换气，如果当事人持续过度换气并且症状越来越强烈，他就会晕过去。过度换气让身体失去平衡，为了重新找回平衡，身体就会做出如此反应。要避免出现晕厥的情况，我们必须放慢呼吸，避免吸入更

18　F. BATMANGHELIDJ. *Your body many cries for water.* Falls Church, Global Health Solutions, Inc., 1992: p. 120.

多氧气，找回正常呼吸的节奏。如果这样做，手指仍然麻木、僵硬，我们就需要做大量运动，"燃烧"多余的氧气，让症状消失。我们可以通过挤压一个物体、扭转一个物体、跳跃、跺脚来恢复情绪平衡。如果这样做之后，过度换气的症状仍然在持续并且越来越强烈，解决方法通常是套上纸袋呼吸，这样，我们吸进去的是自己呼出来的二氧化碳，而不是氧气。等呼吸恢复正常之后，我们就可以问问自己拒绝了什么情绪体验，是什么导致我们启动了防御机制，可能是一个想法、一个性冲动、一个情绪。意识到被自己搁置在一边的是什么之后，我们可以尝试着集中精力把它找回来。我们如果仍然感到恐惧，最好记住这件事对我们来说是个问题，需要创造必要的条件来解决 (如进行心理治疗)。

麻木是让我们对自己的情绪不再敏感的一种方式 (现在流行又形象的说法是冻结情绪)。我们为了把自己从情绪中解脱出来，会无意识地启动一种生理机制，这种机制让我们看起来好像处于缺席的状态 (麻木的状态)。

该怎么办？问问自己在进入麻木的状态之前正在想什么。如果我们的防御机制非常有效，也就是说我们如果已经进入了麻木的状态，就不可能回答这个问题。我们要等事后再问自己这个问题，比如，我们可以追溯麻木状态发生时自己在想些什么。即使我们无法找出相关的情绪，也至少会有个差不多的想法。在等待的时候，我们可以停留在防御状态中，继续防御威胁我们的情绪或意念。

手脚冰凉可能是因为身体生病了，但有些人紧张的时候也会脚冰凉，手冰凉、潮湿。

该怎么办？通常，用正常的节奏深呼吸可以改善血液循环。此外，我们还可以问问自己对什么感到紧张。

漂浮的感觉跟麻木很像，也是切断与当下情绪的连接带来的后果。

该怎么办？在必要的时间内保持这种状态，与自己的情绪保持距离，同时仍然保持清醒的意识，知道自己正在做什么，即正在进行自我保护。

视力模糊、短暂失聪有时是我们不想接受情绪而进行自我防御的一种方式。身体用这些方式保护我们，将我们与一些威胁隔离。这些威胁可能是外部刺激——让我们产生不适的情绪或产生"我处在危险中"的想法。

该怎么办？接受自己的防御状态，并意识到自己正在进行防御。

第六章

伪情绪

我们经常把情绪与情绪所关联的处境，或者事实陈述、形象化的比喻、隐喻或评价相混淆。我们有时也会把心态或态度当作情绪。

■ 感觉被遗弃

示例

1. 我没办法一个人待着，一个人的时候我会非常焦虑，深感自己被遗弃了。
2. 一想到他可能会离开我，我就无法忍受，我很害怕被遗弃。
3. 我完全不想谈恋爱，因为很害怕被遗弃。

什么是被遗弃感？

被遗弃感不是情绪，而是非常复杂的体验，与过去被遗弃的经历有关系。那些经历留下的印象非常深刻，带着巨大的悲伤。很多时候当事人没有直接去感受悲伤，因为害怕悲伤的深渊（悲伤是如此之大），或害怕抑郁，所以有被遗弃经历的人都会逃避悲伤。这就是为什么我们有被遗弃感的时候会如此焦虑。但我们不会一直焦虑，只有在受到某些刺激的时候焦虑才会出现：孤单的时刻，被所爱之人拒绝的时刻，回忆的时刻……

要确定在童年时期是否真的有被遗弃的经历不是很容易，但可以肯定的是产生被遗弃的感觉是因为某些事件对我们产生了主观上的影响。这些被视为遗弃的行为一般发生在我们对于这些情感信息特别敏感的阶段，而且与我们在情感中依赖度很高的人有关。例如，有可能当我们还是孩子的时候，照顾我们的成年人态度冷漠，处于缺席或拒绝我们的状态，这让我们陷入非常绝望的孤独中。年幼时经历的亲友死亡和分离带来的伤害，也会造成这种性质的被遗弃感。被遗弃感深深根植于每一个人的心里，通常是因为被遗弃、被忽略、被拒绝的经历发生在成长的关键时刻，或者是在很长一段时间内不断重复。这样的经历让我们非常不确定自己的个人价值，我们有意无意地总是担心当初被遗弃的经历会在目前的这段关系中重演。有些人会避免跟别人建立真正的关系，以免再次经历痛苦；有些人"沉溺"于某些东西，因为害怕做得太少的话自己会被遗弃；还有些人，他们的被遗弃似乎是自己"招来"的，即使被遗弃确实非常痛苦，但他们在重要的关系中似乎无法采用别的行为模式。

被遗弃感有什么作用？

被遗弃感与被爱、被看重，即作为人的价值被认同的需求密切相关。在生命的初始阶段，我们期待从对我们来说最重要的人那里得到这样的认同；长大之后，我们渴望从对我们来说象征着父母的人那里得到认同，因为我们将原生父母的权力转移到了他们身上。对认同的渴望是人的基本需求，并且深深影响着我们的自我身份认同[1]。因此，被遗弃感与人类本身的脆弱性相关，而这种脆弱性又连于我们在感受到被遗弃的经历中的需求。直面自己的脆弱性是摆脱被遗弃感的必要条件。

被遗弃感或害怕被所爱的人抛弃提醒我们：我们的内心有尚未解决的冲突。因此，每次我们有这样的感受的时候，都是一个去体验随之而来的情绪的机会，尤其是其中的悲伤、对被遗弃的害怕或抑郁。充分体验这些情绪可以让我们摆脱被遗弃的感觉，看到这个感觉的每个方面。害怕被某个人遗弃其实反映了这个人对我们来说非常重要，所以我们对这个人的情感依赖才会如此强烈。如果我们为这样的依赖承担起责任，这段关系就有机会得到很大的改善。最后，被遗弃感提醒我们，我们不太确定自己的个人价值，而如果我们要成长，确定自己的个人价值是非常重要的。

如何面对被遗弃感？

面对被遗弃感的反应非常复杂，每个人的个性不同，采取的形式也不一样。所以，我们在这里不可能提供一个

1　Michelle LARIVEY, « Transfert et droit de vivre », http://redpsy.com/infopsy/liberte.html

"典型的治疗模式"，但我们可以提供一些有用的建议。

我们过去在受伤时可能采取了一些自我保护的措施，如今，当我们遇到类似的情况时，非常有可能沿用同样的模式。去了解自己的反应模式非常有用，也许我们"发明"了一些方法来避开对我们来说非常痛苦的事。例如，如果我们在离开家的时候容易感到被遗弃，我们会尽可能地避免离开家或熟悉的环境；如果我们在一段亲密关系开始的时候就害怕被遗弃，我们可能会倾向于尽快结束这段关系，以免关系真的走向破裂或自己真的被遗弃。因为害怕被遗弃，我们在关系里肯定会非常小心，不让自己变得那么脆弱。

不幸的是，这些回避并不能让我们解决冲突。要摆脱被遗弃感，我们可能需要心理治疗。但即便进行了心理治疗，我们可能仍然需要面对痛苦（也意味着当下仍然会有内心冲突）。我们要敢于去爱，敢于在一段亲密关系中表露自己的脆弱。

无用的尝试

有些人建议通过正面思想来修复受损的自我价值感，如经常对自己重复"我很有价值"。这种方法虽然对于改善当下的心情、短暂地提升自信是有效的，但无法真正加强我们的自我价值感，暂时的自信和效果来自这些正面思想中的自我肯定。然而，建立个人价值感需要进行深刻的个人成长工作，如果没有在一段相对较长的时间内获得心理治疗专业人士的帮助，很难做到这项工作。

■ 敬佩

示例

1. 我非常敬佩同事能够在自己的职业生涯中为了梦想而冒险。

2. 我的邻居是一个非常优秀的母亲，她独自一个人养育了四个儿子，非常勇敢，也非常负责任。我非常敬佩她。

3. 我佩服奥运健儿对于卓越的追求。

什么是敬佩？

敬佩是一种判断，具有两个特征。首先，敬佩总是对道德或对已有的能力（心理上或身体机能上）做出的判断。我们之所以会敬佩某人，是因为对方付出了巨大的努力并取得了成就。正如其他评判一样，判断的基础是我们自己的价值观。敬佩对象通常是他人，而不是自己。如其他评判一样，敬佩能带来情绪体验：快乐、喜悦、鼓励。此外，敬佩也意味着我们与敬佩对象之间有一段距离，后者能影响我们的心理状态：鼓励我们，让我们坚定信念。所谓的距离有两个方面：一方面，我们对敬佩对象的认识并不全面；另一方面，在我们与敬佩对象之间存在着差距（但并非价值观的差距）。

片面的认识

孩子可能是唯一可以彻底敬佩他人的人，因为他们与他们所看见的人之间的差距悬殊，在很多层面上都是如此。成年人在无法真实接触另一个人时，也有可能做到彻底敬佩这个人，但只要近距离接触后，我们就会意识到我们的敬佩只集中在某些方面。

敬佩总是非常具体的，正如上文的示例中提到的：我钦佩的是有勇气、有能力为了梦想而牺牲或奉献的精神。但在其他方面，"我"对这个人可能无感，甚至有可能嫌弃他／她。

与自己不同

敬佩也意味着我们和对方之间存在着差距，他的能力、做事方式不在我们的能力范围之内，要么是因为我们还没有达到对方那样的水平，要么是因为我们没有他那样的勇气和决心。我们并不需要拥有与敬佩对象同样强大的能力，因为我们敬佩的不是他的能力，而是让他获得这样能力的品质。这些品质让我们有可能在其他领域——我们自己更有天赋、更有动力实践的领域，与他平起平坐。

敬佩有什么作用？

敬佩意味着他人的某种行为符合我们的价值观，让我们产生了追随的渴望。渴望意味着我们与敬佩对象之间有距离，敬佩对象是我们渴望的"源头"，他激励着我们缩短与他之间的距离。他人的行为唤醒了我们，我们被激励着，朝着自己认同的价值方向走得更近。年轻人非常需要可以让他们敬佩的"英雄"，这些榜样让他们的内心深处萌发学习的愿望，并刺激他们朝着这个方向前进。出于敬佩而进行模仿的行为不会随着青春期的结束而停止，在我们的一生中，我们不断有机会产生敬佩的心态，并用这样的心态成长。

如何面对敬佩？

想一想敬佩对象是否与我们个人的渴望相符合，辨别出我们敬佩的到底是什么：

我敬佩兰斯·阿姆斯特朗（Lance Armstrong）。他在 27 岁的时候，得知自己患上了致命的癌症，但他没有放弃。他不仅忍受了非常不人道的治疗过程，而且几乎在治疗还未结束的时候就恢复了严格的训练。两年后，他在环法自行车赛中获得了胜利。

我们可以看出示例中的"我"敬佩的是什么：面对自己的情况，阿姆斯特朗一点也不自怜，几乎到了无动于衷的地步，紧紧把命运掌握在自己的手中。他表现出极大的决心，竭尽全力实现自己的目标。

我们也可以问问自己，敬佩对象身上的什么特点激励了我们。在这个示例中，阿姆斯特朗鼓励"我"不要让逆境打败自己。最后，我们还可以问问自己如何根据个人情况去实践，并下定决心：

即便困难重重，我们仍要去追求，实现自己的愿望！

■ 矛盾心理

示例

1. 去看电影还是待在家里？

2. 要不要孩子呢？我非常矛盾，很难下决定。

什么是矛盾心理?

正如矛盾这个词的词源学所表明的那样 ("ambivalence" 源自拉丁语 "ambo", 意思是两者), 矛盾指的是在两种似乎具有同等价值的选择之间摇摆不定。虽然矛盾本身不是情绪, 但它可能与情绪有关, 我们称之为"矛盾心理", 但我们也可以有矛盾的态度、矛盾的行为方式。将这个概念延伸一下, 我们也可以说某些人很矛盾, 这一类人通常很难做决定。

矛盾心理有什么作用?

矛盾说明备选选项的价值大致相同, 状态就像一颗心在摇摆不定。当我们必须做出决定时, 最适合我们的选项不见得那么明显。每个选择都有利有弊, 而当选项看起来差不多的时候, 我们就会很矛盾。

当矛盾心理让我们失去行动能力的时候, 它就成了一个问题, 我们之所以会深陷其中, 有两个主要的原因: 我们拒绝付出努力探索不同的可能性和避免为自己的选择负责。

拒绝努力探索

有些人认为, 一个好的选择必定是非常明显的、突出的。最适合我们的选择不见得是显而易见的，尤其在一开始的时候。要想找出最适合我们的选项，通常在做决定之前，我们需要努力去辨别并仔细研究这两种可能性。经过思考，我们可以知道自己的倾向，如果偏好的选项与另一个选项之间的差别非常小，就说明最好的决定取决于当下的情境。最好的选择不意味着这个选择没有任何后果或我们不需要付出任何代价，而是其后果或代价是我们更愿意承受的。

避免为自己的选择负责

所有的选择都有后果。我们非常矛盾，意味着很难做出选择，因为两个选项的优势和劣势大致相当。因此，做出选择意味着选择某些优势和劣势，并放弃其他选项拥有的优势，承担所选选项带来的后果。

待在家里或去电影院，这两个选项带来的好处是不一样的（示例1）：待在家里，"我"就失去了让自己开心娱乐的机会，看电影会让"我"重新充满活力，但"我"需要付出的代价是面对寒冷以及到处都是积雪的城市。最后，"我"选择待在温暖的家里，看一本好书，安静地度过夜晚。这对"我"来说是最好的选择，"我"宁愿承担这个选择的后果，也不要出门会带来的好处。

在比较复杂的选择情况下 (示例2)，我们要承担的后果触及了生命的根本，也更沉重。因为我们必须承担选择的后果并生活下去，所以我们需要在真正了解情况之后做出决定。即便如此，我们也无法彻底避免事后可能会后悔。只是，如果我们确信自己在那个当下尽自己所能做出了最好的决定，那么我们会更容易接受遗憾。我们所处的环境时时刻刻都在变，几年后回头看当时的选择，我们可能会发现那不一定是最优选项 (例如，"我"决定不要孩子，因此与当时的男友分手了)。但只要是当时仔细考虑之后做的决定，后果总是比较容易承担的。

如何面对矛盾心理？

无论要做的选择是重要的，还是无关紧要的，矛盾心理的机制和摆脱它的方法都是一样的：必须做出决定。如果面对的问题非常复杂，必须经多方面考虑才能做出最适合自己的决定，那么这样做出的决定，我们更容易去承担后果。即便在选择的过程中，我们的情绪是崩溃的。

如何探索？

常见的做法是列出每个选项的利弊，这样做可以让我们知道自己最在意的是什么以及我们准备好做出怎样的牺牲。尽管我们试着量化许多不同因素，但是这样的列举仍然是十分困难的事，不过这样的做法可以让我们确定自己的倾向。

如果要做的决定非常复杂，带来的结果也比较沉重，以下的方法会更有用：想象一下自己活在前文提到的决定的后果中。花几天时间想象一下自己跟孩子一起生活，记录自己在想象中留下的印象、感受、快乐和悲伤。接下来几天的时间再想象相反的经历，即没有孩子的生活。接收想象中的印象、感受和浮上脑海的想法。这样的想象比利弊清单更丰富，因为更完整，相较之下，利弊清单更理性一些。通过想象，我们会更清楚自己的情绪体验，更能够考虑到全局。

这个方法帮助我们了解自己最强烈的意愿，尽管并不能彻底消除我们的矛盾心理，但至少不是矛盾心理为我们做决定。简单来说，我们借此可以更好地理解事实，然后做出决定。因此，要想摆脱矛盾心理，必须做出决定。在矛盾的过程中做出决定，就是选择天平中较重的那一边，即使天平那一边只比这一边重几克。否则，我们就会停滞不前。

■ 受伤的感觉

示例

1. 他批评我教育孩子的方式，这让我很受伤。

2. 我在这段婚姻中感到非常受伤，我的自尊、自信都
   受到了极大的打击。

受伤的感觉意味着什么？

受伤的感觉本身不是一种情绪，而是痛苦的形象化表
述。感到受伤，是因为我们被他人影响而感到痛苦。

要想理解我们受到伤害的性质和程度，我们需要了解
心理的哪个部分会被触及。与受伤的感觉相关的情绪可以
帮助我们知道心理哪部分被触及，及其严重程度。观察我
们对于伤害了我们的人、事、物的反应也非常有帮助，这
些反应（如果有反应的话）能让我们了解自己在受伤的感觉里是
什么角色。我们经常看到，感到受伤的人或多或少是自愿
成为受害者的，否则，痛苦的局面不可能持续下去，因为
人对于痛苦的自然反应就是躲避。

心理创伤是触及我们存在的伤害。我们的自我认同越
是还未成形（如在童年时期），就越容易被我们眼中的权威人士
伤害。严重的心理创伤会影响我们的自我定义。若儿童

的信任和脆弱性被滥用，他们被当作无辜的泄愤对象（或性对象），长大后会深深怀疑自己存在的价值，一个长期被贬低的人也是这样。至于心理素质不过硬的成年人，他们还保留着孩童般的脆弱，任何过分的对待都会让他们反应很强烈。例如，有些成年人很难摆脱对他们来说具有破坏性的婚姻，因为他们的信心已经被消磨殆尽了。还有些成年人无法摆脱邪教的枷锁，因为他们的自我认同被彻底摧毁了。

自尊受损（或自尊心受损）则轻微很多，对我们几乎没有太大影响，最坏的结果就是丢脸，但不会贬低我们作为人的价值。

受伤的感觉有什么作用？

当我们感到受伤，我们知道那是因为我们作为人的脆弱性被触及了。因此，示例 1 中，配偶的批评让"我"觉得受伤的首要原因是"我"不太了解自己作为母亲的能力。这就是"我"的脆弱性。此外，如果丈夫的言语伤害了"我"，也是因为丈夫这个人对"我"来说很重要。如果我们走在街上，有人出言侮辱了我们，我们会感到震惊或愤怒，但这不太可能给我们造成心理创伤（当然有可能伤害我们的自尊心）。所以，这些人之所以让我们感到受伤，是因为我们在某种程度上依赖他们**²**，才会感受到被刺痛、被打击、伤口溃烂，甚至心灵被侵蚀、被冒犯。

示例 2 提到一个受伤的人，她长期感到自己受到很深的伤害。通过各种情绪，她可以分辨出每次受伤的性质和严重程度。但由于她总是反复觉得受伤，她需要试着去了解自己对伤害的反应是如何贬低她的自尊心和自信心的。

与伤害有关的情绪范围很广，经常有悲伤和愤怒，但没有一种情绪是典型的受伤情绪。每个案例都是独一无二的。但情绪至少可以告诉我们发生了什么，并让我们知道面对这种情况该如何补救。

如何面对受伤的感觉？

当我们感到受伤时，首先需要停留在情绪里，彻底地去感受它们，正如我们面对其他情绪一样。如果是在一段亲密关系——我们非常在意的关系中，最好能够说出情绪带给我们的重要的信息**³**。只是，大多数人不会这么做，我们的第一反应通常是自己承受、疏远对方或生闷气，这是

2　Michelle LARIVEY, « Dépendance affective et besoins humains », *op. cit.*, et « Le transfert dans les relations », http://redpsy.com/infopsy/noeuds.html

3　Gaëtane LA PLANTE, « L'expression qui épanouit... », *op. cit.*

我们的愤怒、报复或自我保护的渴望造成的。连于自己的感受会带来以下结果：

➡**示例** 1

　　我希望他觉得我是一个好妈妈，我很看重他对我的评价。我在很多方面对他的评价都很高，包括他的父亲角色。我甚至觉得作为照顾孩子的人，我远不如他。这让我有点自卑。所以当他批评我（甚至只是给我建议）的时候，我会很生气，因为我认为他肯定觉得我很无能。实际上，这是我对自己的评价，我不确定他是否真的这么想，也许是我自己的不安全感让我这样诠释他的评论？我发现自己在跟他比较，这从我的态度上就可以感受到，只是我不说出来，因为我有点惭愧。我们似乎不应该跟我们爱的人存在竞争关系啊！还有，我是真的有点恼火，我们在教育孩子的事情上起了很多次争执，我很生气。有一次，他只是说了他的看法，我们就吵了起来，吵完后，我好几天没跟他说话。对于自己的反应，我感到很郁闷。这一次，我要试着跟他说出自己当时真实的感受。

表达真实的感受很可能推动"我"前进，而不是不断经历问题。在这方面，表达肯定会让我们的关系更加活跃，这是生闷气或指责（"没错，但是你也不完美啊！"）无法做到的。亲密关系中的伤害确实具有破坏性，可能当下难以察觉，但不断累积起来的伤害会让双方彻底地疏远。再者，缺乏实质性的交流，即没有让对方看见我们如何受伤以及受伤的程度，不利于真正解决在亲密关系中必然会出现的问题。但这意味着，让对方看到我们的脆弱不是容易做出的决定。我们只有知道这样做的好处和不这样做的危险，才敢去冒险。

➡示例1

因此，我选择向他表明我多么依赖他对我的评价，尤其在我作为母亲这件事上。我告诉他，我觉得他是一个非常好的父亲（这也是为什么我会如此看重他对我作为母亲的评价）。我勇敢地向他承认：在做父母这件事上，我觉得自己在跟他比较。我也借此机会问了他真实的看法，他到底是怎么看待我教育孩子的方式的（我非常害怕他的回应都是负面的，但我还是要鼓起勇气）。

我们交谈的结果让我非常惊讶。他也第一次跟我讲了关于这件事情的感受。我们之间好像有个心结被解开了……

■ 同情

示例

1. 我很同情他的遭遇。

2. 我的一个同事受到前男友的威胁，我非常同情她。

什么是同情？

同情，即一同受苦。同情不是情绪，而是我们在感受到他人的痛苦时所采取的态度。但同情确实可以引发我们的情绪，其中最常见的就是悲伤，除此之外还有愤怒、气愤等。

首先，我们需要区分"同情"和"认同……的感受"。认同某人时，我们会或多或少明确地、自愿地置身于对方的位置上并做出反应，好像我们就是他一样。"我"很认同受到前男友威胁的同事的感受（"我"曾经也被前男友威胁过），所以"我"的反应很强烈，甚至当场发怒，还告诉她如果"我"是她"我"会怎么做。显然，"我"把两种情况进行了关联，而且"我"的反应与"我"自己的经历有关。"我"的同事遇到的情况对于"我"来说就是一个导火索，让"我"回忆起自己的经历，"我"对她的遭遇的反应，就好像"我"自己正在经历这件事一样。认同与同情不一样的地方还在于：认同涉及不同层面——正面的或负面的，而同情是我们在面对痛苦的时候才会表达的。"我"认同"我"的女儿很难跟朋友相处的感受，因为"我"在青春期时也很难跟朋友相处。"我"认同"我"的儿子的感受，他的眼中只有足球，"我"真的非常理解他，因为"我"在他这么大的时候也疯狂迷恋曲棍球。

我们还需要区分同情和同理。同理是一种态度，让我们能够对别人的情绪体验感同身受，某种程度上它是一种让自己站在别人的位置上，发自内心地去理解他人的能力。当我们有同理心的时候，我们会试着以他人的角度看待和感受他们的处境，自愿接受他们的观点，甚至包括其中一部分情绪反应。但我们非常清楚这是他人的经验（与"认同……的感受"不一样）。而且与同情相反的是，同理的时候我们不一定投入情感（即使我们可以）。反之，要有同情，就必须要先有同理。确实，只有站在别人的位置上体验他所经历的，我们才能投入情感；如果对方的经历对我们没有任何意义，我们也不可能同情他。

同情有什么作用？

伴随着同情出现的情绪会告诉我们同情有什么作用。示例 1 中，我们可以想象"我"之所以为这个人感到痛苦，是因为"我"爱他。如果是个陌生人（如"我"遇到的事故受害者），触动"我"内心的首先应该是人类共通的情感：为人类的脆弱感到惶恐不安；如果是一个父亲面对自己濒死的孩子，他感受到的无疑是对命运不公的反抗。而同情中产生的情绪与个人经历有关：我们被触动通常是因为这些东西引起了我们的共鸣，否则我们对此会漠不关心。正是出于这个原因，同情中的情绪体验对我们是有意义的。

同情疲劳

那些经常接触痛苦中人的人，容易产生同情疲劳，这源于他们在帮助遭受创伤的人的过程中累积了许多情绪。同情疲劳也被称为继发性压力，它与职业倦怠不同，同情疲劳总是毫无征兆地、突然地出现，而职业倦怠总是有一些前兆。尽管二者的症状很相似，但导致二者发生的因素不同，所以预防措施和治疗方法也不同[4]。

如何面对同情？

我们需要根据自己在同情时产生的感受、对方在我们眼中的重要性，以及他所遭受的痛苦的性质，来决定怎么

4　请参阅有关同情疲劳的信息和量表，对你属于职业倦怠还是同情疲劳进行自我评估。Op. cit.

做。要是我们的反应非常强烈，我们就需要问问自己他的经历中的哪些部分如此触动我们，找到之后重视它、给它留出空间。但前提是这样做能让我们更安心，或这么做有利于我们个人的成长。

■ 迷惘

迷惘类似于纠结，描述的是内心的一种状态。但产生纠结和迷惘的原因不同，因此二者性质不同。

示例

1. 我在认真考虑换工作的事。目前在这个领域，什么岗位我都做过了，但我不知道自己还喜欢做什么。我有许多爱好，只是没有一样是我想全身心投入的。我觉得自己非常迷惘，很担心自己再也走不出来。
2. 自从我们决定结婚之后，我就很迷惘。尽管我们花了很多时间讨论，也谈得很清楚，但现在，我真的不知道结婚这个决定是不是对的。

什么是迷惘？

迷惘是我们思考或探索未果的一个必经阶段，是我们在学习或生活中出现变化时的一个典型状态，是某个特定阶段的一个典型特征。它是情绪过程的一部分，一个阶段开始的标志。事实上，我们在所有改变的过程中都会出现迷惘，这种迷惘类似于我们面对一个谜题不知道答案时所感受到的困惑。开始的时候是一团谜，但如果我们接受在黑暗中摸索前进，光明就会渐渐照亮黑暗。我们会慢慢看清楚一些东西的轮廓，然后看清所有东西。探索的过程本来就充满了各种不确定性，可是如果没有这样的探索我们怎么会知道朝哪个感兴趣的领域发展呢？我们往往会因为对未知的恐惧而希望事情立刻变得清晰，不愿意慢慢等待光明的到来。

示例 1 是典型的迷惘的例子，其中与迷惘相连的不安全感也是非常典型的。示例 2 也是同样的，决定是否与某人结婚需要从很多角度去思考。我们如果做完决定还是迷惘的，就说明做决定的过程很仓促，没有把所有问题都考虑清楚。

迷惘有什么作用？

迷惘意味着我们在寻觅，它无法让我们知道自己是在积极探索还是停滞不前，只能让我们知道自己所探索的问题目前还没有答案。

如何面对自己的迷惘?

我们必须容忍迷惘的存在，因为这是我们探索的组成部分。如同科研人员或侦探小说里的侦探一样，我们必须耐心地继续我们的探索、学习或自我发展。为此，我们要相信自己有能力探索下去或有能力对正在思考的问题追寻到底。这样的信心来自过去的经验。体验过这种悬而未决的状态，接受不确定和未知，给自己足够的时间，我们才能知道迷惘的意义。无论如何，至少我们现在知道迷惘是探索或改变的必然阶段，这样我们就能更加平静地继续走下去。

■ 失望

示例

1. 我对自己很失望。我很认真地准备了这场考试，但因为太紧张而考砸了。

2. 我对我们的第一次见面非常失望。在我的想象中，我跟你第一次线下见面不应该是这样的，因为我们在网络上的聊天有趣又气氛热烈。

什么是失望?

失望本身不是一种情绪，它指向我们的不满足。

　　失望和不满足一样的地方在于它总是伴随着情绪。我们失望的时候，会伤心或愤怒，会既伤心又愤怒，也会沮丧、嫉妒等。失望与不满足不一样的地方还在于它被触发的原因，失望是因为期待的事未实现，期待落空了。

失望有什么作用？

　　若事先没有期待——无论是否知道自己在期待，我们都不会有失望。一旦我们的期待与实际有落差，就会产生失望，因此，失望让我们清楚地知道自己的期待是什么。这是我们明白自己的需求、了解自己对此应该承担多少责任，以及把哪些责任推给了他人的第一步。所有这些都说明了与失望相关的情绪对我们非常有帮助，去感受它们很有必要。

如何面对失望？

　　解决方法当然不是停止期待，尽管大多数人都建议这么做。期待其实是无法控制的，因为它们来自欲望，而欲望与生俱来，是生命力的代表，激发未雨绸缪的能力。忽略欲望，就会失去满足需求的驱动力，其中包括生存下去的驱动力。

我们会因为害怕痛苦而不敢期待。即使我们不喜欢痛苦，但痛苦能让我们知道自己的需求。停下来去体验自己的失望，可以帮助我们分清到底哪些期待是可以实现的。如有必要，我们可以问问自己若期待落空了，我们需要承担哪些责任。

➡示例 1

我的失望让我再次发现，不管压力如何，保持良好的状态非常重要。从这次考试的经历我得出的结论是：要想考好，除了要为考试准备，我还有更多的准备工作要做。所以我开始寻找方法让自己放松下来。

➡示例 2

对我们见面的失望让我知道自己还有一些之前没有意识到的期待。回想一下，我发现自己尴尬地沉默着的时候，其实有一些不敢表达的情绪，可是我们在网上聊天的时候我完全没有这样的感受。我意识到，这就像处理与其他自己在意的人的关系一样：我期待你主动引导我们的交谈。这就是我！

■ 灰心

示例

1. 看到堆积如山的工作，我感到很灰心。

2. 我的生活处处不如意，我都不知道该从哪里开始处理问题，我不相信自己有能力改善状况。我真的感到非常灰心啊！

什么是灰心？

灰心是一种觉得自己一事无成的心理状态。感到自己很无能，这样的感觉让我们失去了所有的勇气。我们认为要达到预期的结果，过程中要非常努力，否则不可能实现目标。根据情况的不同，灰心可能伴随着各种情感体验，如伤心、失望、疲倦、怨恨。

与灰心站在同一梯队的还有绝望，但两者在好几个方面都不太相同。首先，灰心与我们是否有能力完成某事有关，而绝望是外部事件引发的。因此，我们会对某种情况或对生活给我们带来的东西感到绝望，对所取得的结果或付出努力却仍未成功感到灰心。其次，根据定义，绝望是非常强烈的体验，而灰心有好几个等级。最后，在绝望的感受中，悲痛似乎无法治愈，而灰心的人对于找出解决方案保持比较乐观的态度。

灰心有什么作用？

如果我们在所做的事情上遇到了障碍，那么灰心的程度说明了这个障碍对于我们而言的困难程度。这样的衡量是主观的，反映了我们内心深处关于自信、坚韧和勇气的看法。因此，有些人会在遇到可能给他带来其他困难的问题面前灰心。"我"如果没有自信，那么很容易灰心，这就成了一个恶性循环。的确，如果"我"很容易放弃，这就剥夺了"我"看到成果而重拾信心的机会，因为我们是通过自己取得成功建立自信心的[5]。

如何面对灰心？

我们会灰心，必然说明我们已经评估过，对于已经获得或预期获得的结果，我们已经付出或需要付出多少努力。容易灰心的人需要用更系统的方法对此进行评估，更努力寻找解决方法。例如，如果一看有那么多的工作要做，"我"就灰心了，那为什么不考虑把工作分摊出去呢？这样，这座工作的大山就不会看起来那么可

5　Jean GARNEAU, «La confiance en soi », *op. cit.*

怕了。

■ 忧郁[6]

示例

1. 一想到要回去工作，我就很郁闷。

2. 我是个很容易忧郁的人。

3. 我丈夫去世后，我经常感到忧郁。

4. 我想我从未真正从被裁员的冲击中恢复过来，算来已经有十年了！

什么是忧郁？

"抑郁症"这个词指的是一些情况比较严重的心理状态，但现在我们要谈论的不是这个病症，而是用来描述"我很忧郁"的心理状态的词语。它区别于专家用来描述人格的科学术语和时下很流行的"EMO"。

忧郁不是一种情绪，而是一种状态，一种崩溃的状态，正如这个词的词源学所示（拉丁语"depression"就是崩溃的意思）。这种状态主要由两种情绪支撑：愤怒和悲伤。愤怒可以有

---

6 Michelle LARIVEY, « Tristesse n'est pas dépression », *op. cit.*

很多种形式：深深的不满、厌恶、气愤、愠怒。愤怒作为忧郁的一部分，通常难以被察觉，因为它会被悲伤甚至麻木所掩盖。有些比较忧郁的人，我们看不见他们的愤怒，但可以感受到他们身上散发的由愤怒带来的敌意，也可以在他们与人互动的过程中感受到这类人的典型特征：不断抱怨，假装无能，以受害者自居，持续打击周围的人。悲伤作为忧郁的一部分，也以不同的形式表现出来：沮丧、怀念、灰心、幻灭、无所事事。如同愤怒，忧郁的人的悲伤也不是很明显，可能完全看不出来，也可能转化为疲劳、心情低落。

忧郁有什么作用？

忧郁会引起消沉，这主要归因于两点：缺乏必要的情感养分，因缺乏关爱引起的愤怒被抑制。所以，忧郁的状态表明我们的内心有缺失，这样的状态也成了我们通往内心世界的重要通道。只有连于忧郁的情绪状态，我们才能发现它要表达的内容。

"星期天晚上的忧郁"是心里非常不满足引起的症状 (示例1)，也是我们在这种症状面前无所作为的标志。情绪中的攻击性本应为个体寻找满足而服务，此时却被压制、隐藏或以其他曲折的方式表达出来，如敌意、反复的责备、过分的要求、指责周围的人或社会没有给予自己所需要的东西[7]。这样的忧郁也可以衍生出易怒、烦躁，最终有可能产生对自己不利的自我贬低、内疚。

对某些人来说，忧郁是一种"风格"，一种存在的方式（示例2）。这些人一般非常不满足，不断抱怨自己的命运，却没有做任何实质性的努力来脱离目前的处境，让自己幸福起来。而且，他们特别难以接受他们口中想要的东西（尤其是爱、温情和认同），即便这些东西是送上门来的。这些人的忧郁说明他们长期处于情感缺失的状态，但由于他们的好斗性没有为情感需求服务，而是转变成责难或自我贬低，所以他们无法前进。此外，自我攻击会让人情绪更加低落，从而强化忧郁的状态。

无法避免的忧郁状态

有些忧郁状态是无法避免的，最明显的例子就是失去近亲，我们会不可避免地陷入忧郁。亲人的离世带来的剥离感让我们感到巨大的悲伤，而愤怒也会出现，以反抗的形式表现出来。

在面对失去的时候，我们很难认同自己的好斗性情

---

7 Michelle LARIVEY, « Agressivité et affirmation », *Les Émotions...*, *op. cit.*

绪。然后，好斗性情绪与失去的悲伤结合在一起，形成持续不断的忧郁，侵蚀着我们。悲伤占据了我们所有的内心空间，让人担心的是若好斗性没有转化为我们前进的力量，悲伤就会一直持续下去。所以，我们只有收回这样的好斗性，才能战胜忧郁并继续生活下去。

创伤后忧郁症

创伤事件如果没有被正视也会产生忧郁状态。示例 4 就是非常典型的例子，即便经历了重大事件，"我"也没有允许自己去感受其中出现的所有情绪。在这种情况下，大多数人都继续活在痛苦中。如果没有彻底体验此段经历中的愤怒、气愤、暴怒这些情绪，我们就会感受到无缘无故的悲伤，连生存的动力都会下降，这时，就出现了抑郁症。抑郁症有时也没那么明显，因为我们总是试着用行动抵制抑郁，可内心却默默接受它。通常都是很多年之后，我们在被迫的情况下才开始关注自己的抑郁情绪，也有时是因为我们再也没办法像以前那样"继续"下去了。只是，这些延迟会让我们很难找到导致抑郁症的真正根源。

如何面对忧郁？

为了摆脱忧郁带来的停滞状态，我们有必要彻底体验它所传达的情绪。这个过程的痛苦无法避免，所以我们需要付出努力。但只要我们好好接受忧郁传达的情绪，痛苦就会变得可以忍受，努力也会变得有意义。如果没有心理治疗的帮助，我们很难单独完成这项工作，因为我们既要重新连于自己的需求，也要发挥自我肯定和采取行动的能力。

■ 绝望

示例

1. 我的孩子被"判了死刑"，他的白血病没有任何控制住的可能，我很绝望。

2. 我在灾难中失去了一切，觉得自己不可能走出如此可怕的局面，我很绝望。

什么是绝望？

绝望不是一种情绪，而是经过观察和理解后产生的充满情绪或情绪状态的认知。绝望，就是失去了曾经拥有的希望，或对自己所期待的完全没有信心。在某些情况下，绝望意味着破裂、失去。示例 1 就是如此："我"一直希望儿子的病情可以永远被控制住，但现在不可能了。

换句话说，"我"看不到任何可能性了。示例 2 也是一样，"我"实在想不出该如何找回以前的状态。

　　绝望总是伴随着无力感。现实状况可能真的没有办法去改变，示例 1 的情况就是如此。但绝望也有可能是因对完成非常艰巨的任务感到灰心而引起的。身处谷底，爬上山顶在"我"看来绝无可能 (示例2)，即使实际上是有可能的。绝望总是带着情绪：悲伤通常最明显，反抗或愠怒也有可能以明显或隐蔽的方式出现，比如在命运面前表现得丧失斗志，或逆来顺受。

　　最后，我们也需要指出绝望和没有希望是不同的。虽然中彩票的希望渺茫或成为知名作家的可能性微乎其微，但对"我"来说都不是悲剧。因为这两件事对"我"的生活没有太大的影响，所以"我"也不会因此感到绝望。

绝望有什么作用？

　　当我们感到绝望的时候，我们显然触及了自己的极限，尤其是我们所拥有的能力的极限。伴随绝望而来的情绪让我们回到非常重要的情绪体验中，这些情绪可能与过去的经历有关，也可能与我们所担心的未来事件有关。例如，悲伤可能与已经失去的或将要失去的有关。我们的情绪可能与我们体验的有限性有关[8]，也有可能是我们第一次面对"自己的极限"这一事实的反应。

如何面对绝望？

连于伴随绝望而来的情绪能够让我们找到出口。这个出口可能是接受"不可避免，我们就是有极限"这样的现实，或许这可以成为我们看待问题的新角度。

带着绝望活下去、不断与自杀的念头抗争的人，是最悲怆的绝望案例。他们的痛苦非常强烈，抗争也很强烈，但他们把这些痛苦和反抗都转向自己，似乎完全无法逾越沮丧之峰。其实他们正是从悲伤和反抗中，汲取生存下去的动力。悲伤说明需求没有被满足，而反抗是能量的矿山，如果用别的方式引导，就可以服务于自己的需求。

■ 疏远

疏远跟保持距离、有所保留、退后或远离是一个意思。

8　Jean GARNEAU, Michelle LARIVEY, «Les implications existentielles », *L'Autodéveloppement...*, *op. cit.*

示例

1. 自从我们上次争吵之后，我就感到与她疏远了。

2. 我觉得他很陌生。他不那么热情了，很少跟我谈论他自己。他经常给我一种不在场的感觉，即使我们的身体距离很近。

3. 这段关系不适合我，我希望与他保持点距离。

什么是疏远？

我们不能"感受疏远"(示例1)，也不能"感受到他人疏远自己了"(示例2)。因为疏远不是感觉，而是一种态度和行为的具象化表现：他变得冷漠，与"我"保持着距离，让"我"难以接近或对"我"有所保留 (示例2)。当然，每个人表达疏远的方式不一样。

疏远可以是内心的体验，例如在示例1中，"我"照常生活，但较少受到伴侣的影响了，自己投入也更少了。在这里，"我"的行为可能没有太大的改变，但是态度不再一样了。

疏远是可以看得出来的，如在示例2中，他连行为方式都改变了。

在示例3中，"我"所表达的不是感受，而是行为。在这样的情况下，"距离"这个词用来描绘"我"所希望的关系逐渐中断的画面。

疏远有什么作用？

疏远的态度或行为都反映了情绪。一般来说，这是一种不满，强度从较弱的不高兴到较强的愤怒。生闷气就是个很好的例子，我们拒绝表达疏远带来的情绪，就生闷气了。

可以做些什么来取代疏远？

我们可以用更清晰地表达自己的感受来代替疏远的行为或态度。当然，这么做需要付出代价。做这样的选择很困难，因为表达自己的感受就不得不面对疏远带来的后果。只要我们不说清楚自己的感受，即便对方或许感受到了，我们仍然有情感保障，因为无论如何对方都不可能确定我们的想法（尤其要是我们否认自己真实想法的话）。说出导致疏远的真实情绪，意味着我们在这段关系中愿意承担更多责任，而且，情绪的表达会让关系更顺畅。如果我们希望关系是健康的，双方能够一起往前走，那么把情绪表达出来是我们能做的最好的选择。

■ 尴尬

同义词

不好意思，无聊，困扰

示例

1. 他的请求让我很尴尬：我很难拒绝他，但我现在没办法马上帮他做。

2. 他在他的妻子面前称赞我，让我觉得很尴尬。

什么是尴尬？

尴尬是一种内心的状态。当我们认为很难完全忠于自己去采取行动时，尴尬就会出现，它表现为不自在和一定程度的困惑。

尴尬有什么作用？

尴尬说明我们感到为难。伴随着尴尬而来的不自在让我们知道到底是什么让我们为难，如果我们一直停留在不自在中，随后而来的困惑会加剧尴尬。

在示例1中，对方的请求让"我"尴尬，因为拒绝或接受，都会让"我"处于进退维谷的境况之中。"我"既尊重自己想帮助他的意愿，又不想对自己造成伤害。这是"我"听到他的请求的第一反应。至于其中的不自在，则来自我们所隐藏的情绪和想法。接下来的反应就是明显的、真实的困惑，我们试着更明确自己内心的想法，并找出解决方案。但我们进退两难。没错，尴尬就是因为我们隐藏了自己进退两难的情况[9]。

在示例 2 中，"我"很高兴听到他的称赞，但"我"不能在他的妻子面前表现出来，因为"我"担心她的反应。所以，"我"一方面渴望让他看到"我"的高兴，一方面又担心这样做不合适。结果，"我"朝他尴尬地笑了笑，同时不安地看了一眼他的妻子。"我"觉得自己无法表现出当下所有的感受，要么只能表现出"我"的高兴，要么只能表现出"我"担心她会嫉妒，害怕他们因此吵架。

如何面对尴尬？

对于让我们感到尴尬的事情，如果我们公开地表达自己的感受，不自在通常就会消失。我们也可以告诉对方，他的要求让我们感到尴尬，或者直接在恭维我们的人面前表现出自己的尴尬。但我们不见得总是愿意让别人看到自己的尴尬，例如在示例 2 中，"我"不一定希望让他知道"我"担心他妻子的反应，但是，将想法表达出来仍然是化解尴尬局面的方式。即使"我"不表现出担心，也可以找一个更好或更幽默的方式来表达自己的尴尬，这样尴尬就会消失不见，让位于其他情绪。

---

9 详情请查看"反情绪"一章中关于不自在的讨论。

■ 感到被困住

示例

1. 我感到自己被困在这段关系里。

2. 我感觉我好像被自己围在了水泥墙中。

感到被困住意味着什么？

我们不可能像感受到悲伤或愤怒等情绪那样感受到"被困住"。感到被困住是我们的一种表达方式，是我们试着用具体画面尽可能精准地描述自己的感受，这是一种形象的比喻。在当今的社会语境中，"囚禁"这个词有象征意义，于是与之类似的"被困住"这个表达就被赋予了不同的含义：

我无法摆脱这段关系，因为害怕伤害对方。

在这段感情中，即使我不开心，我也得到了很多好处。所以结束它，要付出昂贵的代价。

对方把我当作人质，如果我离开他，他将非常生气，并会让我付出沉重的代价，我甚至会有生命危险。

感到被困住有什么作用？

我们经常使用具体的画面来描述我们的经历。这不是巧合，而是这些画面能够让我们更加详细而深刻地了解自己的感受，捕捉到我们感受的方方面面和对我们有用的微妙信息。一个画面，即使与情绪无关，也能带给我们很多关于自己感受的信息。更何况，被困住不仅能让人想到失去了自由，更有一些与这个画面相关的情绪出现，识别其中一种或多种情绪仍然很重要。"我被困在这段关系中，我害怕结束关系。""在这段关系中，我像被囚禁了一样，但我发现这段关系带给我的好处非常多，所以我没办法分手。"这两种感受的性质完全不同，当事人采取的行动也将完全不同。

如何面对被困住的感受？

首先，停留在感到"被困住"带来的所有情绪中，去感受它们，就像面对其他情绪一样。只有这样，我们才能从中获得与感受相符的信息。

■ 羡慕

示例

1. 你做任何事情好像都能轻轻松松成功，我真羡慕。

2. 我羡慕他过得好安逸。

什么是羡慕？

羡慕不是一种感觉，而是一种心理活动，介于渴望和嫉妒之间。嫉妒充满了愤怒，渴望唤起了快乐或兴奋，而羡慕处于两者之间，它表达了一个愿望。

羡慕有什么作用？

正如嫉妒一样，羡慕能够让我们知道自己想要什么。羡慕比嫉妒更平静，因为我们对羡慕的对象没有敌意，羡慕只是激发了我们效仿的积极性。所以，羡慕有激励的效果。

如何面对羡慕？

识别出羡慕，可以让我们知道什么东西对我们来说是重要的。根据重要程度，我们再决定是努力获得自己羡慕的东西，还是满足于欣赏别人，同时坚持自己的愿望和梦想。

■ 尊重

示例

1. 我的丈夫很诚实，我很尊重他。

2. 我敢跟他说我爱他，我觉得这样说出来后，我更加
  尊重自己了。

什么是尊重？

尊重是基于高度欣赏之上所做出的评判。正如敬佩一样，尊重与道德评判有关，我们判断对方的行为值得我们尊重。我们不会因为一个人的美貌或天赋而尊重他，但会因为他努力、运用天赋得到美好的结果而尊重他。正如所有的评判一样，尊重建立在我们的价值观之上，所以，对我们来说值得尊重的东西对其他人来说却不一定值得尊重。此外，我们尊重的对象不是只有人，还可以尊重马的勇气、狗的忠诚。最后，与敬佩不同的是，尊重也适用于自己。

我们可能因为某人特别的行为而尊重他，但总体上来看，尊重某人反映了我们对这个人的整体欣赏，这样的尊重表明这个人的行为方式符合我们的核心价值观。尊重一个人，需要很了解他。尊重不像敬佩，敬佩对象高高在上，与我们保持着距离，而我们尊重的对象与我们是平等的，也就是说在我们尊重他的领域中，我们与他处于同一水平。

自尊也反映了我们根据自己的价值观做出的整体判

断。即便有时候我们意识不到，我们也总是不断地对自己的行为进行判断。这些判断累积起来，就形成了我们的自尊。因此，当我们长此以往按照自己的价值体系行事，我们的自尊就建立起来了。破坏自尊也是以同样的方式，即我们经常不按照自己的价值体系行事[10]。

尊重有什么作用？

充满感情且坚固的关系建立在相互尊重的基础上。我们可以尊重却不爱一个人，但如果没有真正的尊重，爱是不可能存在的。

自尊是我们的心理支柱之一，因为实践自己的价值观需要面临大量的选择，而自尊是我们所必须做出的选择。这就是马斯洛所说的"自我实现倾向"，这个倾向让我们不断实践自己的价值观[11]。我们的心灵一生都在成长，它的成长一部分归功于我们在行动中考虑自己的需求、价值观和渴望，并为由此产生的选择负责。因此，我们的行为既受道德的约束，也由自己的需求和渴望支配。当我们按照对自己真正重要的事情（包括符合自己的价值观）做出选择的时候，这些选择就能够提升我们的自尊。所以，自尊不是永

---

10   Jean GARNEAU, « Fidèle à moi-même », *op. cit.*

11   Jean GARNEAU, Michelle LARIVEY, « Une théorie du vivant », *op. cit.*

远不变的，但如果它有了非常稳固的基础，在我们的行为不符合自己的价值观时，它就会发出改变的信号。从这个意义上来说，它让我们一直诚实地面对自己。

如何面对自尊？

我们必须积极地、持续地保持着对自己一定程度的尊重。当我们忠于自己的价值观时，就是在自我尊重；在超越自己的时候，也是在自我尊重。我们的生命驱动力、自我实现倾向，滋养着我们对于自己理想生活方式或行动方式的那片心田。我们虽然经常没有察觉到它，但一直用这些期待来评价自己，我们的自尊一部分也取决于我们能否满足这些期待。换言之，我们每天都在接受挑战，这些挑战在我们眼中都有价值，我们以此来培养自我尊重。

■ 僵住[12]

同义词

卡住、无法动弹

12　在魁北克，我们用"僵住"这个动词的主动或被动形态来说明这种心理状态，这恰恰清晰地说明了我们处在这种状态时的心理体验。有时，我们也使用另外一个意义相同的动词：我愣住了。

示例

1. 我很想回应他，但我真的完全没法动弹。

2. 我在他的愤怒面前僵住了。

3. 面对他这样的态度，我僵住了。

4. 我站在山坡上，下面是一个深渊，我吓得无法动弹。

什么是僵住？

僵住不是一种感觉，而是一个形象化的比喻，用来描述我们对于自己的感受所做的反应。带来这种状态的感受是无力感：我们觉得内心的一切活动都停止了，失去了活力。我僵住了，停了下来，不再有任何感觉，甚至是控制自己不去表达。因此，情绪或情绪的表达消失了。

僵住有什么作用？

可以说，我们给自己设置这样的障碍是出于自我保护的本能，因为在那个非常短暂的瞬间，我们发现无论是连于自己的感受还是表达出自己的感受都是非常危险的。以下，我们对前面示例所描述的情况背后所抑制的感受进行描述：

➡示例 1

我还没有准备好对自己将要说出口的话负责，所以我保持沉默。

或者：

他的话让我的内心翻江倒海，但我拒绝表现出自己的激动，所以立刻让自己停了下来。

➡示例 2

我不敢在他愤怒的时候表现出自己的恐惧，所以我表现出好像没看见他发火一样。

➡示例 3

我不相信他所表现出来的态度，所以我避免表达出自己的内心想法。

➡示例 4

对我来说，这个山坡太陡峭了，我几乎确定，只要动一下，我就会滚下来，所以我尽一切努力保持一动不动。

如何面对僵住的状态?

在一个人面前僵住

当我们在他人面前僵住的时候，我们不会清楚地意识到自己的内心发生了什么，因为我们已经阻断了自己的感受，更无法在对方面前承认或表达出来。我们可以分两步来摆脱这种状态：第一步，我们可以问问自己正在阻止的情绪是什么，或者压制的反应是什么。这个过程不一定要让对方知道。第二步，我们重新感受到自己的情绪后，可以推敲一下是否应该让对方知道自己的感受。但"僵住"有自我保护的作用，保护我们不过于自我流露。所以，很有可能在与对方保持距离、过一段时间——可能是几天，甚至是几个星期之后，我们才能发现或明白自己的感受。即便到了那个时候，我们也不是非要跟对方坦白自己的感受不可。也就是说，如果我们觉得说出来能够解开关系中的死结，我们当然可以这么做，在任何时候都可以。因为我们的经历发生在客观的过去，也存在于现在的主观感受中，是否将感受表达出来的决定权在我们自己手中。

身体僵住

我们也可能出于自我保护的本能而身体僵住，如在我们的身体感受到危险的时候。这时，如果能够通过某种方式重启我们所压抑的恐惧，我们就能够全面地评估怎么做决定更有益处：保持僵住的状态或采取行动。实际上，我们的身体会自发地僵住，不管僵住对我们的安全来说是否必要或合适。因此，在发生事故的时候，用僵住的方式来自我保护不见得是最合适的，但在发生持械袭击时，僵住可能是自我保护的最佳方式。恐惧让我们知道该如何做出反应，其中包括僵住不动。

■ 沮丧

示例

1. 我很沮丧，我花了半小时试着修好这个程序，但完全做不到！

2. 公司聘用了另一个人，我很沮丧。

3. 我感到非常沮丧，非常烦躁，而且大部分时间心情很差。

什么是沮丧？

沮丧不是一种情绪，而是一种状态，正如不满一样。沮丧与不满不同的地方在于，不满相对来说比较中立（尽管不满也会产生情绪），沮丧总是带着抗议与不公平的感觉：沮丧的人觉得自己本应获得一些东西，事实却完全相反，自己不得不忍受本来不应该承受的事情。沮丧会引发不同的情绪，最常见的是不满、愤怒、嫉妒、伤心。反复经历沮丧会让我们陷入持续的不满状态，"这是个沮丧的人"很好地说明了这样的状态。

沮丧有什么作用？

沮丧的状态不言自明：当我们处于这样的状态时，我们非常不满；我们认为自己的遭遇有失公允，这让我们非常气愤。我们会把自己的不满归咎于"我无法控制"这一因素。我们可以想象一下前面的示例中这些人的心理活动：

➡示例1

电脑应该正常运行才对！机器被制造出来就应该有好的性能！只要我足够努力，就可以让这个程序运行起来！对这台机器，我真的非常生气！

➡示例2

我拥有这份工作所需的所有能力，真不懂为什么我没有被聘用！这个聘用制度肯定有问题！我非常气愤，也很灰心。

➡ 示例 3

我对生活非常不满，总是得不到自己想要的东西，我抱有期望的人也总是让我失望。我知道自己的态度充满敌意，让人害怕，但我没办法不这样。我深深地感到不快乐！

示例 3 与前两个示例不同，它让我们看到，一个人如果经常生活在挫折中，说明一定哪里出了问题，因为按照这样的反应模式，我们永远不会找到令人满意的解决方案。如果我们经常感到沮丧，也许是因为我们对于自己的需求表现得太被动——希望别人来满足自己的人通常会采取被动的态度，也有可能我们倾向于认为某种情况特殊，事情的发展并不取决于我们自己。因此，我们通常需要一些时间才能找到这类"持久性沮丧感"的解决方案。否认存在性孤独的人容易持续性地沮丧，因为他们几乎让外界填满了自己的一切需求[13]。

如何面对沮丧？

如果我们总是处于沮丧的状态，我们生活的主旋律一

---

13 Jean GARNEAU, Michelle LARIVEY, « Les implications existentielles », *L'Autodéveloppement, op. cit.*

直是不满足，那么我们就需要考虑如何把生活的主动权更多地抓在自己的手中。如果我们倾向于把自己视为生活、事件、他人的受害者，我们就需要学会把攻击性转化为满足自己的力量。尽管如此，沮丧仍然会发生，因为事实上，没有任何东西可以保证我们的需求、渴望、愿望、偏好或任性要求会得到满足或被实现。因此，当我们感到沮丧的时候，只有一件事可以做：自己行动起来，去获得对我们来说重要的东西。另外，我们在越小的时候去经历沮丧，对我们的成长就越有利。当遇到困难时，我们需要调动自己的攻击性。对孩子来说，这样的攻击性通过哭泣表达；在孩子一点点长大的过程中，会逐渐确立攻击性不同的表达方式，用以强化自我认同。这样孩子长大成人之后就更容易成为一个有能力面对生活中固有的期待和沮丧的人。

■ 羞辱

示例

1. 他说出了我的家庭秘密，这等于是公开羞辱我啊！

2. 我以为自己得了第一名，结果没有，为此我感到很丢脸。

3. 不得不向他道歉让我觉得很屈辱。

4. 囚犯们受到了侮辱性的对待。

什么是羞辱?

感到羞辱不是情绪。羞辱是对尊严的伤害,更确切地说是对自我形象的损害。羞辱可以来自他人,也可以来自我们自己。羞辱一般都伴随着羞耻感,经常引起我们的愤怒或气愤。

感到羞辱有什么作用?

感到羞辱表明我们不接受目前的状况,原因可能是害怕自己的形象被毁,如下面的例子:

➡示例 1

不得不接受别人对我家里的情况指指点点,我感到很丢脸,因为我为自己家里的情况感到羞耻。

➡示例 2

我很生气,因为糟糕的表现,我的形象会大打折扣。

➡示例 3

我道歉了。根据我的价值观，道歉让我觉得自己在精神上卑躬屈膝。

假设有一群人看着我们，我们担心自己的形象遭到破坏，就产生了被羞辱的感觉，这种时候，羞辱会带来羞耻感。但在有些情况下，如示例 4，羞辱与他人的反应关系不大，而是源于一个事实，即在我们的眼中我们所经历的事侮辱了自己的人格，我们在被支配且无能为力的情况下所遭受的屈辱就是这种情况。这种时候，我们的主要感受不是羞耻，而是愤怒或气愤，而且由于公开的反应可能会有风险，情绪就被当事人隐藏或压抑了。这种主动的情绪抑制让我们觉得自己是这个耻辱、令人愤怒的经历的沉默的帮凶，从而感到更加屈辱。有些人在年幼的时候长期被父母或兄弟姐妹中的一员持续羞辱，成年后再次遭受羞辱就会有更强烈的愤怒和气愤情绪。如果他们无法"拔除"被羞辱的感觉，特别是通过心理治疗的方式来处理这些感受，那么这些感受很容易就会转化成暴力行为或内耗。

如何面对感到羞辱？
在被支配且无能为力的情况下

面对这种羞辱，我们如何做出反应至关重要，因为是否会留下严重的后遗症就取决于我们当下的反应。如果真的毫无办法，如在面对持械袭击这种关乎生死存亡的时刻，顺从当然更好。令人意外的是，为了活下去而决定屈服反而会让我们在心理层面更容易接受和消化这类伤痛经历[14]。因此，如果情况允许我们"复仇"的话，我们之后就有可能摆脱无力感。

自我形象受损

羞辱对自我形象的影响程度取决于该对象是自我形象正在形成的孩子还是已经形成的成年人。如果被羞辱的是孩子，而他处在不断被羞辱的环境中，他必须离开这样的环境。如果可能的话，我们需要对已造成的伤害进行治疗以减轻症状，并教会他面对这些攻击时如何进行自我保护。在这点上，心理治疗非常有效。如果被羞辱的是成年人，那么对其自我形象的损害就没那么严重，因为成年人能够很好地区分自己的人格、自我形象与他人的形象。即使羞辱让成年人不舒服，伤害也没那么大。但如果成年人本身的自我形象比较脆弱，而羞辱又来自

14　B. BETTELHEIM. *Le coeur conscient*, coll. Idées. Paris, Gallimard, 1973.

情感上比较依赖的人且这些羞辱被不断重复，对于自我形象的损害就会比较严重。我们在感到羞辱的时候，会使用大量精力维护自己的形象，如果我们把这份精力用于在当时的处境中表达真实的自我，反而能够巩固自我形象。

➡示例 1 和示例 2

我通过公开承认自己的出身、比赛结果来承认自己的真实状态，这样做，我更加接受了我们是"不完美"的存在。

➡示例 3

即便道歉在我看来需要付出很大的代价，但我仍然道歉了，我要对自己犯的错误负责任。作为一个有时会犯错的"不完美"的存在，我通过这一举动更完整地展现了自己。

其实，如果我们知道自己是谁，并且敢于公开承认真实的自己，而不是隐藏在并不能完全代表我们的形象后面，我们反而会更加坚强。

■ 无力感

示例

1. 我对儿子的决定深感不安，但我无能为力，他拒绝听我的建议。

2. 我无法减轻她的病痛，也无法把她从死亡的边缘拉回来。

3. 面对丈夫充满逻辑的反驳，我经常感到无能为力。

什么是无力感?

无力感是一种无法或不可能采取行动或实现目标的状态。有些情况下，我们的无力感与现实状况挂钩（示例 1 和示例 2）；有些情况下，我们感到无能为力，但实际上我们是可以有所作为的（示例 3）；还有些情况下，我们用无力感来掩饰自己的感觉（示例 4）。

无力感有什么作用?

无力感凸显了我们满足需求时所遇到的障碍。"我"希望给儿子建议以影响他的决定（示例 1），减轻别人的痛苦（示例 2），在丈夫面前捍卫自己（示例 3），但是"我"无能为力，或觉得自己无能为力，做不到。无力感让我们认清自己拥有什么能力、没有什么能力，分辨清楚这些通常能让我们摆脱"瘫痪"的状态——有时无力感会让我们进入这种状态。在示例 3 中，无力感让"我"看清面对丈夫的反驳，其实"我"不是无能为力的，是有能力回复他的，只是"我"觉得他清晰的逻辑肯定强于"我"的解释，所以"我"放弃了回复他。

无力感其实掩盖了很多感受，探索其中的感受是找出它所隐藏的情绪的唯一方法。在某些情况下，性无能可以说是情绪反应的伪装，我们可以说：这个男人宁愿表现出性无能，也不愿直接告诉他的伴侣真实的感受 ^{（示例 4）}。

如何面对无力感？

要摆脱实际上并非因无能为力而产生的无力感，意味着我们已经知道了什么是我们不敢去做的，那我们去做就是了。

➡ **示例 3**

尽管我认为自己说话不像丈夫那样逻辑性强、前后连贯，但我还是可以试着去表达自己完整的想法。

■ 无动于衷

示例

1. 他对我来说无关紧要。

2. 我宁愿表现得无动于衷，因为我不知道我在他眼中
   有多重要。

3. 对于你的建议，我无动于衷。

4. 对于这个或那个，我都可以。

什么是无动于衷？

无动于衷说明我们感兴趣的程度为"零"，也就是毫无兴趣，这是示例 1 所反映的。无动于衷不是一种感觉或情绪体验，它更多地说明了我们所处的"位置"。我们甚至可以说无动于衷是情绪的对立面，因为有情绪说明我们"有动于衷"，无动于衷则完全相反。无动于衷也没有程度上的区别，我们要么无动于衷，要么"有动于衷"。这就是说示例 3 的表达是不准确的，如果要更清晰地、精准地表达，我们应该说："你的建议，我不太感兴趣。"

"无动于衷"这个概念也表示选项的重要性是相同的（示例 4）："我"对这个或那个的兴趣差不多，或者这两种可

能性，"我"不偏向任何一个。

　　有时候，我们会假装无动于衷，这意味着我们试图在别人眼中表现出无动于衷的样子，或者说服自己无动于衷。事实却是，我们这么做通常正是因为对方在我们眼中太重要了。我们疏远对方，为此所做的努力更说明了对方的重要性：我们越是疏远对方，就越说明我们"有动于衷"或感兴趣。

无动于衷有什么作用？

　　无动于衷意味着我们处在中立的位置，对事情缺乏兴趣。它也可以说明在我们眼中，所有选项都同等重要。除此之外，假装无动于衷是我们应该注意的，这说明我们难以对自己承认或公开承认某件事、某个物品或某个人对我们的重要性。

如何面对无动于衷？

　　我们需要做的就是注意到它。我们几乎不需要将它表达出来，既然它在我们眼中都没什么重要性了，何必又花精力呢？但是，如果我们总是倾向于控制自己的感受，如假装中立，那么当我们表现出无动于衷时，最好不要太轻易相信自己的感觉，而是要寻找内心中朝着相反方向发展的情感的蛛丝马迹。例如，我说自己对这个模特的美丽无动于衷，却疯狂地批评她的腿不够美。其实，"我"很羡慕这个模特。"我"批评她也许不是因为她的腿（这或许是"我"在她身上能够找到的唯一的缺点）而是别的原因。"我"嫉妒她吸引了别人的目光？嫉妒她的知名度？嫉妒她对"我"丈夫的影响力？

再如，我对这个男人无动于衷，但是我很好奇他会不会打电话给我。实际上，"我"对他很有感觉，如果"我"想知道他打电话给"我"会带来什么效果，就说明"我"想知道他对"我"来说有多重要。

■ 担心

示例

1. 我很担心我儿子的未来，他对自己一点也不自信。
2. 我就要离婚了。我很担心自己的反应，怕自己会崩溃。
3. 我儿子在国外搭便车旅行，我总是非常担心他发生什么不好的事。

什么是担心？

担心是一种思想活动——我们根据现况开始想象或推

断可能会发生的不大愉快的情况并为此感到不安。担心会产生很多情绪，但它本身并非情绪；它与恐惧有相似之处，而且恐惧也是担心会产生的情绪之一。正如恐惧一样，担心涉及的是未来可能发生的事，而不是当前的情况。事实上，担心的人会根据现状来思考将来可能发生的令他害怕的情况。也正如恐惧一样，担心也依赖于想象力。在恐惧或担心的情况下，想象可能符合实际情况，也可能不符合实际情况，但从本质上来看，想象都是假设。此外，担心也是主观的，有些人确实就是比较容易担心。

担心有什么作用？

担心释放的信息是关于现在的，因为确实是现状促使我们开始猜测将来的情况。在示例 1 中，如今"我"看到儿子缺乏自信，推测他将来在生活中会遇到困难。在示例 2 中，"我"目前的状态促使"我"推测自己可能会在离婚的时候崩溃。这样的推测对"我"来说非常真实，因为虽然有时候想到离婚"我"会很平静，但也有些时候一想到离婚"我"就会觉得自己会经历一场灾难，自己根本不可能活下去。仔细观察"我"所经历的，"我"发现自己在沮丧的日子里更容易担心将来会发生什么，把自己看作命运的受害者；在能掌控自己的生活、面对情况采取乐观态度的时候，就比较不会担心。

如何面对担心？

担心就如恐惧一样，是一种重要的情绪体验，前提是我们不会让担心侵蚀自己的生活，而是利用它来指导我们采取行动。

➡示例 1

我有充分的理由相信我儿子会因为缺乏自信而遭到生活的重挫，这样的担心有可能成为现实。不过幸运的是，未来还未到来，所以我还有时间在事情真正发生之前解决这个问题。

➡示例 2

我有充分的理由相信离婚的时候我会崩溃。现在我能做什么？为了避免孩子们受伤害，有没有什么事情是我现在就可以做的？如果有，我马上就去做；如果没有，我就等一等，按照平常的节奏生活下去，然后看看自己是否会做出如所预料那样的反应。

➡示例 3

有没有办法联系在国外旅行的儿子？如果有，联系他或许会让我少一些担心。又或许，我应该学着放手，学着与担心共存，而不是被它控制。

■ 操控

示例

1. 通常，他一哭闹我就会让步。我受不了他哭闹。
2. 他生闷气的时候常常迁怒于我，而我总是道歉。
3. 我无法抗拒他的诱惑，即使我对这样的自己很生气。
4. 她让我觉得好可怜。

什么是操控？

操控不是一种感觉，而是一种我们承受的行为，即有人在操控我们。面对操控我们的人或行为，我们会经历一些情感变化：不满、惊讶、伤心、灰心、愤怒、失望等。通过它们，我们能更好地理解自己的经历，并利用所处的环境获得成长。

操控的定义

心理操控是在对方不知情的情况下让他做他不想做的事情，操控可以是被动的，也可以是主动的。在主动的情况下，操控者有意识地利用一些策略获得自己想要的东西。我们称操控的行为为"游戏"：用哭的方式平息对方的愤怒；以受害者的姿态引起对方的内疚；生闷气，为了让对方道歉；不管不顾，为了对方能够来照顾自己；诱惑对方，为了改变对方的情绪；等等。

操控成功的因素

操控成功需要两个因素：一个操控的人和一个屈服于操控的人。我们为什么要屈服于操控？因为操控者触动了被操控者"敏感的神经"，我们可以说这根神经是被操控者不愿意意识到的，所以被操控者为了避免不舒服的感觉，就按照操控者的意愿去做了。敏感的神经往往是内疚、害怕被拒绝、害怕被遗弃、不好的自我形象、不愉快的后果……

操控有什么作用？

我们屈服于操控，是为了避免经历在我们看来比被操控更不愉快的情绪。

➡示例 1

比起忍受孩子崩溃的情绪，对于我来说，在他哭闹的时候就让步于他的情绪勒索更容易一些，所以我就满足了他的要求。

➡示例 2

我宁愿承认自己错了，承认并不属于自己的想法（即使我这么说是在撒谎），也不愿忍受他生闷气。

➡示例 3

他是如此有魅力，我无法对他生气，我如果生气，反而会觉得自己令人讨厌，这一点，我无法忍受。所以我宁可被他诱惑，这样才能走出"觉得自己令人讨厌"的死胡同。

➡示例 4

我无法忍受她这么可怜，我知道她不会做任何事情去改变自己的命运，所以，我来负责解决她的问题，即便我非常清楚这是因为她自己缺乏勇气，是她自己看不到在自己身上的问题。

如何面对操控？

最重要的是，不要服从操控者的意愿，指望他停止操控。这是需要我们自己去解决的问题，因为我们知道自己在乎什么，所以才会受操控者的影响。为此，我们首先需要意识到关系中有操控的存在。主要线索是在这段关系中我们感到自己不得不做一些事，而换成另外一段关系，我们不会做这些事。面对操控，我们绝对不是无能为力的，只是我们必须做出选择。抵制操控，就是最好的选择。尝试说出操纵的事实，改变局势，可以降低操控者对被操控者的影响。但如果要彻底抵制操控，我们必须面对操控背后的情绪，只有这样，操控才能对我们彻底失效。

➡示例1

在孩子哭闹的时候（他试着用这种方式使我让步），我不为所动，即使我心都快碎了。如果他的索求变本加厉（如开始破坏物品），我就阻止他这么做。

➡示例2

他生我的气，他生闷气，我都忍受下来了。我接受自己的不安，也承受着失去他的不安全感。

➡示例3

即使我在自己和他的眼中都让人不喜欢，我仍然保持清醒，不会陷入他的诱惑游戏中。我有多生气，就表现出多生气。

如果掌控者达不到期待的效果，自然会停止操控。这个过程可能需要时间，但一定会停止。

■ 懒惰

示例

1. 我儿子的成绩很差，我觉得是因为他太懒了。
2. 我们从来都不相信她，她很懒，也不会尽力去好好完成工作。

什么是懒惰？

懒惰是一种态度，其特点是喜欢方便、讨厌努力。

懒惰有什么作用？

很少有人说自己懒惰。我们通常用懒惰描述他人，尤其是让我们失望的人。示例 1 中，"我"说儿子懒惰，其实暗示着儿子的成绩让我不高兴。除了所谓的懒惰外，"我"找不到其他解释。当然，"我"也观察到他根本没把心思放在学习上，所以才会得出这样的结论，但"我"没有去了解他为什么无心学习。

懒惰有时是一种借口。被贴上懒惰标签的人，有时会利用懒惰来隐藏自己对失败的恐惧：他避免付出所有的努力，因为害怕面对即使竭尽全力仍无法达到应有高度的局面。示例 2 很可能就是这种情况，她多多少少意识到了这一点，所以选择在工作中不付出全力，避免努力之后业绩不理想的情况。由于从未尽力工作，她还怀有这样的错觉：只要自己稍微努力一下就会有高水准的表现。此外，用懒惰解释令人失望的行为，还可以起到挡箭牌的作用：我们快速地提供了一个"理由"，就用不着去找真正的原因了。如果我们坚持这个观点，也不去找当事人把问题弄清楚，那么懒惰这个评价也会成为当事人的托词。这样，他也可以把问题归结于懒惰，避免面对不愉快的场景。

如何面对懒惰？

如果我们一点也不想努力——即使是为了追求自己的目标、实现自己的愿望，那么我们的生活将过得十分不易。不努力，可能看起来少花了些力气，但我们会因此缺乏知识和情感上的滋养，会让生活变得十分困难。事实上，即使我们可能不喜欢做那些能够提高生活品质的事情，但我们的"自我实现倾向"并不会因此而待机，我们仍然渴望提高生活品质。我们如果拒绝努力，就别无选择，只能忽略"自我实现倾向"所发出来的信号（如通过沉溺于酒精、食物或毒品使自身系统瘫痪），或长期活在挫折和抑郁里面。无论什么时候，我们都有可能扭转自己懒惰的倾向：分成几个阶段去完成挑战，避免受挫灰心；确定自己努力的成果。这将激励我们继续努力下去。

■ 感激

同义词

感恩

示例

1. 我很感谢我的父亲，他总是非常尊重我。我今天之所以有勇气这么尊重自己，有一部分就是来自于他对我的尊重。

2. 这些人对我非常慷慨，又不求回报。我很感恩，非常乐意报之以李。

什么是感激?

感激源于他人给了我们好处，同时我们认为自己亏欠了他们的恩情。感激是心理活动，建立在评价的基础上，并且总是带有一定程度的满足感。充满感激，有时候会引发情绪体验，尤其当我们接受的好处十分珍贵时，我们会对给予我们好处的人产生感情。感激总是会让人感到满足，并因此自发地采取行动，如激发慷慨的行为。有些时候，感激者会表达感谢：我很尊重自己的父亲，我愿意表达我的感谢，感谢他给予我的一切 (示例1)。还有些时候，感激者会采取慷慨的行为：我为自己能有学习的机会而深感幸运，也希望为我认识的年轻人提供同样的机会。

感激与感恩

感恩也是感激的一种形式，但感恩者会觉得有回报对方的义务。示例2就是一个很好的说明。不同的一点：示例1中，"我"认为父亲的行为很正常，好父亲都这么做，同时觉得这是"我"的幸运。但"我"对于父亲不会感到有偿还他的义务；示例2中的那些人如此慷慨地接待了"我"，他们并没有这样的义务，所以"我"觉得自己亏欠了他们。

感激有什么作用？

我们之所以心生感激，是因为我们认为收到了非常宝贵的东西，这对我们来说是一种特别的待遇。感激总是关于他人及其给我们的贡献，可以带来一系列不同的情绪。

如何面对感激？

要想让情绪体验更完整，我们有必要向相关人员表达我们的感激。公开的、直接的表达往往让人感到我们的情绪非常饱满。这是一个重建关系的机会，因为到目前为止，我们也许或多或少忽略了这些关系，表达感激通常会让关系更加亲近。然而，我们可能会用给对方好处的方式来回报，却没有告诉他们这其中的意义。这样做通常会陷入僵局，感激者试图寻找关系的平衡，但因为没有直接表达，所以并未达到效果。之后更多的尝试，结果可能还是失败。

感激和遗憾

如果我们没有给自己机会去感受感激并充分表达自己的感激之情，我们就会觉得遗憾。不管是因为时间不够，还是其他理由，结果是一样的。然后，我们会觉得自己与这个人的关系不太平衡，我们的情绪体验也不完整。可能在第一阶段，即我们接收到对方的分享时，我们便进入了相关的情绪体验；在第二阶段，当我们意识到这些分享的重要性时，我们却没有采取该有的行动。我们觉得感激的时候，需要把情绪表达出来，这不是义务，而是遵从内心的冲动。

感恩和补偿

感恩和感激之间的差别微乎其微，但即便如此，二者的反应方式也有差别。感激激励我们表达出来，而在感恩中与此相对应的是用补偿来恢复关系平衡的需求。在感激中，仿佛是我们欠自己的情，我们自发地表达感激之情；在感恩中，仿佛是我们欠了别人的"恩情债"，需要偿还以恢复公平。

■ 后悔

示例

1. 我很后悔在孩子们还小的时候，陪伴他们的时间太少。

2. 我说的话伤害了她，这不是我的本意，我真的好后悔。

3. 我很遗憾拒绝了您的要求，但是我真的没有时间满足您。

什么是后悔？

后悔是对过往带来不满和悲伤的行为的负面评价。其中的情绪，主要是不满，有时是悲伤。

后悔类似于罪疚感，也就是说，我们虽然是在深思熟虑之后做的选择，但这个选择要么带来了一些不太好的后果，要么在我们重新评估情况后有了不同的结论，让我们产生了后悔的感觉。"我"事后看才意识到自己当时的需求，所以后悔过去关于孩子所做的选择 (示例1)。"我"注意到自己所说的话造成的后果，所以"我"感到后悔 (示例2)。但后悔与罪疚感不同，后悔不是试图撤销先前的选择。我们承认这个选择，也不会为过去的行为找借口，更不会试着弱化对方的反应 (示例2)，而只是对自己的选择带来的后果感到难过。示例 3 在这一点上非常有说服力："我"为自己的选择负责，但是对于选择产生的影响也感到非常抱歉，这两个方面"我"都承认。

后悔有什么作用？

后悔表明我们过去所做的评估跟现在的评估之间有差

距。伴随后悔而来的情绪让我们看到自己的视角发生了变化，我们需要重新调整自己，适应过去已经发生的现实，当然过去的这些现实对现在仍然有影响。

因为后悔的本质就是如此，我们不能排除自己会利用后悔来扭转人际关系，如同罪疚感一样。实际上，我们可以试着通过表达后悔来操控对方，得到自己想要的东西。我们可以这样解读示例 3：我希望告诉您，我这么做真的非常勉强，您可能就不会那么生气了。

如何面对后悔？

非常重要的一点是接受之前所做的选择，不管这个选择对现在的我们来说是好的还是不好的，即接受我们已经知道了的后果。做到这一点后，我们仍然可以尝试着做一些弥补。

➡示例 1

孩子们已经长大成人了，但我可以弥补失去的与他们在一起的时光。虽然这与亲自参与他们的成长过程不一样，但现在能够跟他们在一起，我仍然感到很满足。我还有孙子孙女，我会尽可能多花时间跟他们在一起。

➡示例 2

我为自己说的话让未婚妻不舒服而向她道歉。我还需要做得更多：我需要更加爱她，当然不是为了让她原谅我，而是补偿我对她造成的伤害。

有些人建议，为了减少遗憾，我们可以自己原谅自己。只是，对于过去的经历，如果不加入虚假和扭曲，我们很难原谅自己。所以，自己原谅自己通常会得到这样的反应：我试过了，但是我做不到。修复似乎更有效，前提是真的有办法修复过去的选择所带来的损坏。

■ 被拒绝

同义词

被遗弃、感觉被排斥、被冷落、被推开、不受欢迎

示例

1. 我被这个小组拒之门外，小组成员对新来的人并未表现出开放的态度。

2. 我们在一起生活了 20 年，他就这样突然离开了。我觉得自己像废物一样被遗弃了。

3. 如果我发表意见，他们一定会集体排斥我。

什么是被拒绝？

被拒绝不是一种感受，而是别人对我们采取的行动。我们感到被拒绝，有时不一定是别人拒绝我们，而是我们产生了与被拒绝或感到被拒绝相关的情绪。被拒绝产生的情绪的范围很广，其中每一种情绪都令人非常痛苦。

经历被拒绝有什么作用？

有些时候，现实中确实发生了被拒绝的情况，如示例2："我"不仅为分手感到难过，他离开的方式也让"我"觉得在他眼中"我"一文不值。被拒绝甚至让"我"开始怀疑自己作为人的价值。

还有些时候，被拒绝是我们的推论，正如示例1："我"感到被拒绝，因为大家没有很好地接待"我"，"我"融入这个小组也很困难，他们的消极态度在"我"看来是一种拒绝。"我"如果认为其他人有义务让"我"的融入变得更轻松，自然会觉得他们缺乏合作的态度令人难以接受，这表达了一种不合作或拒绝。相反，如果"我"认为融入团体是"我"自己的责任，虽然他们的态度确实让人不舒服，但是可以接受。

我们也会害怕被拒绝，如示例 3："我"估计自己的言论一说出来，就会被团体的大多数成员排斥。

无论实际情况如何，"我"所感受到的情绪让"我"知道自己害怕这些人的拒绝，而这可能说明这些人对"我"来说是有价值的，也可能说明通过这些人怎么看待"我"影响"我"对自己的看法，还可能说明这些人是"我"所爱的，"我"想跟他们建立关系，甚至是亲密的关系。因此：

- 如果我们经常担心被拒绝或经常因为害怕被拒绝而不敢行动，那么这意味着我们需要调整心情才能在别人面前更多地肯定自我。
- 如果我们总是把别人不提供帮助来满足我们的需求解释为拒绝，这就说明我们多多少少让他们承担了满足我们的责任。
- 如果在现实中我们经常被拒绝，我们可以问问自己是什么让我们影响了别人，以至于他们如此对待我们。

如何面对被拒绝？

害怕被拒绝会严重影响我们寻找生活中的满足感并阻碍心灵成长，我们在人际关系中会变得非常谨慎、不采取行动，以至于对生活方方面面的安排都是为了避免被拒绝。

我们必须面对被拒绝的恐惧，就像面对其他恐惧一样[15]。要做的第一件事就是承认自己的依赖性。其实我们非常依赖那些有可能拒绝我们的人，他们对我们来说很重要。一旦接受了这一点，我们就可以在与他们接触的时候克服这种恐惧。一般情况下，团体治疗在这方面非常有帮助。

■ 孤独

示例

1. 今天，我感到很孤单。

2. 在生活中，我感到很孤独。

3. 在人群中，我感到很孤独。

什么是孤独？

孤独不是一种情绪，而是一种状态。然而，当我们使用这个词的时候，它可能指的是事实状况以外的东西，也

---

15   Michelle LARIVEY, « Transfert et conquête de l'autonomie », *op. cit.*

就是感觉，通常是伤心或无聊。一个人并不一定就意味着孤单或孤独，因为独处有时可以很愉快，换言之，孤独或孤单的表达总是意味着缺失或者剥夺感。

孤独有什么作用？

"感到孤独"是个形象化的表述，表达的内容接近于我们的感受，具备各种含义。所以，"今天，我感到很孤单"（示例1）可以是这样一种表达方式，说明我很伤心，因为没有人觉得我是重要的，或者我需要跟人接触。而"在生活中，我感到很孤独"（示例2）可能是想说：在生活中，我不能依靠任何人，或者没有真正让我感到满足的关系，我没有关系亲密的朋友，我没有合适我的爱情……这都让我感到很难过。

缺乏情感的滋养会带来伤心的情绪。孤独的感觉就像伤心的屏风，是人们含蓄地表达伤心的方式。但孤独不一定总是痛苦的。"在人群中，我感到很孤独"（示例3）可以有各种各样的意思：我不认识任何人，我感到害怕；对这些人来说我是异乡人，我不喜欢这种感觉；我无法跟人建立关系，这让我觉得很不愉快；没有人注意我，这对我反而有好处。

孤独感总是伴随着情绪而来，只有通过这些情绪，我们才能明白孤独的状态对我们真正的意义。

如何面对孤独?

我们有必要识别出伴随孤独而来的情绪，这些情绪能让我们明白自己的需求，并留心去满足这些需求。

■ 羞怯

同样类型的词汇

不好意思、脸红

示例

1. 他有那么多学位，我非常惶恐，不敢在他面前表达自己的看法。

2. 他当着大家的面称赞了我，我实在不好意思。

什么是羞怯?

羞怯不是一种情绪，而是处事的态度，更确切地说，是按照一个人的外在去形容他的一个词语。当我们害羞或惶恐的时候，我们其实是在试图隐藏自己的感受，免受他人的评判。我们通常认为是因为羞怯才会想躲藏起来，但想躲藏起来其实才是羞怯的主要原因。

羞怯有什么作用？

害羞的人通常会保持沉默，隐藏自己的感觉和真实的自己。他们之所以害羞，通常是因为害怕被评判或没有足够的信心去面对别人的批评。但他们一直不表达，就会失去跟别人说出感受的大部分机会，这就阻碍了他们建立自信，让他们只能一直停留在羞怯中[16]。

示例 1 让我们清楚地看到"我"的担心——怕自己水平不够，然后我自然就开始回避，产生了"我不敢……"这样的想法。当羞怯成为不去面对困难处境的借口，羞怯会再次被强化。确实，每当我们放弃表达自己的机会时（在这个示例中，机会就是尽管比我们强大得多的人可能会评判我们，我们仍然会表达自己的想法），我们不仅会失去自我表达的机会，自我形象也会变得更糟糕。下一次遇到同样的情况，我们会觉得更加困难。示例 2 说的是"羞怯的时刻"：对方的恭维让"我"感到尴尬，"我"觉得不好意思。"我"之所以会不好意思，是因为"我"试图掩饰自己的愉快。如同这个示例所展现的："我"宁可抑制自己的愉快，也不愿让别人

16 Jean GARNEAU, « La confiance en soi », *op. cit.*

看出来。相反，如果"我"让对方看到自己被他的赞美所触动，感到很愉快，那么"我"不仅表达了自己，这个经历也会对我的心理成长有帮助。

如何面对羞怯？

要走出羞怯，我们必须同意走出阴影，生活在阳光之下。换句话说，我们必须学着表达自己。显然，这样的改变不是一蹴而就的，但如果我们每天都练习，就能够一点一点改变。

练习主要是要在我们缺乏自信的领域建立自信。为此，我们需要多次尝试。假设我们在团体中非常害羞，那么我们可以按照以下步骤来建立自信：

我不再像躲避瘟疫一样逃避人群，而是寻找与人相遇的机会。我不再像平常一样默不作声，而是试着参与到对话中。一开始，我会脸红、口吃，知道自己看起来很可笑，而且看得出我很尴尬。当然，我很担心别人会说我是个缺乏自信、害羞的人（我正是这样的），说到底，我害怕别人的评价，可我已经这样评价自己了。没关系，我接受风险（面对可能随之而来的羞辱）。重要的是我要冷静地去经历这一切，不找任何借口或使用任何策略减少自己暴露的风险。喝杯酒可以壮胆，让事情更简单，但这样去面对现实不算冒险，这种体验也不会产生实际的影响，不能帮助我更好地表达自己。我不仅需要主动地、完全清醒地去经历这些，还需要在这么做的时候，连于自己的感受。给自己披上坚强的壳来避免情绪激动或变得脆弱，不会有任何作用，这样做只会让自己更加痛苦，而且对自己没有任何好处。

正如所有自我成长的经历一样，慢慢加强难度非常重要。例如，我可以不断增加我参与团体活动的频率，或从我觉得相处起来比较舒服的人开始，慢慢跟那些让我们更有压力、更害怕他们反应的人在一起。

我可以每天去经历这些，记录下自己的感觉和所学到的东西，记录下我所看到的自己的改变。在进行心理成长练习的时候，写日记非常有用[17]。

■ 背叛

示例

1. 我原本以为这个同事是我的朋友，可是他背叛了

17　« Le Journal de bord », http://redpsy.com/outils/journal.html

我，把客户给我的订单抢走了。

2. 我丈夫的艳遇本身对我来说没那么严重，我难以忍
   受的是他的背叛。

什么是背叛？

背叛不是情绪，是另外一个人的姿态、是真实发生的
事情或被诠释成破坏了忠诚度的事件。关系中若存在着背
叛，说明关系里隐含着某种忠诚。

被背叛的感觉有什么作用？

被背叛的感觉会自动让我们回到我们与背叛者之间言
明或未言明的约定上，这也让我们看到，我们指望对方会
遵守约定。对方背叛的时候，我们总是非常意外。背叛破
坏了信任。对于从未信任过的人，我们不会感到被背叛。
所以，我们认为被背叛意味着我们信任这个人是错误的，
然后我们"被邀请"重新评估这份关系，进行调整，我们
投入的信任会比预期的少。

如何面对被背叛了？

如果我们非常在意与背叛者之间的关系，那么不管我
们感受到了什么情绪，我们都需要向对方表达他的所作所

为带给我们的感受。接下来会发生什么，我们很难预测，但可以肯定的是，我们需要重新建立对他的信任。如果背叛的程度很深，那么这个过程会很长。

■ 暴力

示例

1. 我的助理非常易怒，她说话很伤人。

2. 他很激动，我被他吓到了，觉得他很暴力。

3. 他的母亲不断地贬低他，嘲笑他。

4. 我丈夫情绪失控的时候会打我。

什么是暴力？

暴力是具有过度攻击性的同义词，它跟"侵犯"（violer，来自拉丁语"violare"，即用强烈的方式处置）的词根相同，侵犯就是越过界限的意思。暴力包含使用物理力量或心理力量，在违背某人意愿的前提下，对其采取行动或强迫他们做某事。使用力量的方式包括恐吓、威胁，甚至殴打，即对对方的身体或心理造成伤害。暴力还含有某种形式的虐待和欺骗。当亲近的人对我们使用暴力手段的时候，我们会觉得这是背叛。在示例 3 中，不断贬低孩子的母亲滥用了自己的母亲身份，在孩子完全没有心理防御力时伤害了他。这种造成心理伤害的暴力，害人匪浅，往往比对身体施加的伤害更大。面对身体上的伤害，孩子至少还可以反抗。同样，被殴打的配偶也无法再信任自己的另一半了，后者为了得到自己想要的东西，滥用自己的力量，背叛了二人的关系中暗含的平等约定 (示例4)。

判断一个行为是否是暴力的并不容易。要判断清楚，有必要从两个角度查看相关行为：承受行为的人和实施行为的人。这两个角度的观点不总是一致的，因为有人觉得自己受到了暴力对待，而"施暴者"并没有表现出暴力。

施暴者的角度

施暴，即行为者试图通过使用力量胁迫对方来达到目的。要上升到暴力，施暴者必须具备意图侵犯他人的界限并强迫他人的特点。无意中伤害了一个人不算是暴力行为，但故意打人，即便是在失去控制的情况下，也是暴力的表现 (示例4)。

受害者的角度

承受暴力的人分为两类：一类是身体受到了伤害，一类是心理受到了伤害。这样的伤害由两个因素决定：一是行为发起者行动的性质；二是承受行为者的界限。构成暴力的行为具有侵入性，而个人的界限由每个人对事件的客观消化能力决定。例如，拳击是一项暴力的运动，但拳击手击倒对手的行为并不一定构成暴力行为。因为，从客观的角度来看，拳击手在遵守一定规则的情况下参与比赛，双方都受过训练且素质相当。相比之下，推倒一个老人或孩子所需要的力气要少很多，但这个行为却构成了暴力行为。因为，从客观的角度来看，老人或孩子并不具备抵抗或自卫的力量。反之，如果出于愤怒而用力地推了自己的丈夫或妻子，并不一定构成暴力行为，因为双方都是能够承受这种程度行为的成年人；但打了丈夫或妻子一巴掌，这样的行为肯定会被认定是暴力行为，因为虽然他们的身体能够承受这种行为，但是这种行为本身具有侮辱性，对承受行为者的心理造成了伤害。简而言之，定义暴力的时候确定客观的界限并不容易，因为客观的界限经常与主观的界限混淆，详情请见下文。

对身体或心理的伤害相对来说比较容易定义。拳击手被揍了，但这是比赛的一部分，对手攻击的并不是作为个体的他；在曲棍球比赛中，球员的脸被人用球棒打伤，那么他就是暴力的受害者，因为球赛规则不允许球员用球棍打对手的脸，而这样的伤也不在这项运动所可能受到的伤害的正常范围内。这些区别让我们看到，即使一个人没有使用真正的暴力行为，承受行为者仍然可能遭受暴力。例如，"我"不小心踩到了他的脚，他非常痛，因为他的脚本来就受了伤，所以他遭受了暴力。这样的结论反过来说则不成立。例如，他恐吓"我"，让"我"不要举报他的欺诈行为，但"我"并没有被吓到。即使暴力行为无效，仍然是暴力行为。

暴力有什么作用？

暴力是为了获得某些东西而使用的手段，这是达成目的或满足自己的手段（在较弱的人的背后释放我们的攻击性），我们不是依赖自己的优势达成目的，而是依靠对方的弱点或脆弱性。

当一个易怒的人情绪失控的时候，她会利用"我"，而不是努力去识别自己的情绪以及这些情绪对她的重要程度（示例1）。她没有让"我"理解她的感受——这样做或许会让她变得情绪化，选择用伤害"我"的方式来报复。这样，她通过对"我"造成伤害来释放她自己的部分情绪负荷，而不是诚实地面对自己的脆弱。也就是说，这么做很少能有效地传递沟通的信息。示例 4 中丈夫的行为也可以这样解释[18]。

对强烈情绪的害怕和"政治正确"的盛行让"暴力"一词在人际关系中被过度使用。由于客观界限难以被定义，我们就引入了各种各样被扭曲甚至被滥用的概念。这样，当无法承认他人的攻击性时，我们就会把他人的行为或这个人本身定义为暴力，即使事实并非如此。对愤怒的恐惧真的有界限吗？如果对于经历过的一方来说是有的，那经历同样事件的另一方也这样认为吗？在一段健康的成年人关系中，答案是找不到的，因为我们很难划定恐惧的界限。孩子承受愤怒的能力与成年人不同，但确切的差异到底在哪里？婴儿对于愤怒的承受力为零，那么五岁孩子的承受力是多少？当我们因为害怕某人而试着抑制自己的愤怒时，我们正是在滥用这个情绪不受欢迎的一面，以至于我们自己也自相矛盾地实施了暴力行为：为了避免暴露我们的脆弱性，我们试图强迫对方不要以情绪化的方式进行表达。如果我们很容易被别人行为的强烈程度吓到，这通常是因为我们很想控制对方（示例2）。

暴力和强烈程度

暴力通常很强烈，但强烈的不一定是暴力（示例2）。强

18　更多关于愤怒的性质和表达愤怒的重要性的信息，请参考 « Agressivité et affirmation » et « L'expression qui épanouit », *op. cit.*

烈程度表明了我们的情绪或思想的强度。愤怒正如痛苦和快乐一样，可以是非常强烈的，但它只有在伤害了别人的情况下才会变成暴力。在愤怒中破坏物品的人确实对物品实施了暴力行为，但如果这个人的行为意图不是恐吓他人，就没有对他人施暴。当一个人不高兴的时候恐吓了周围的人，这就是暴力；当一个人大声表达了自己的愤怒，即使愤怒非常强烈，但他只是用激烈的方式表达自己，就不是暴力。做这样的区分极其重要，因为恐惧会让我们拒绝他人（或我们自己）有任何强烈的表达形式。只是，剥夺自己或他人强烈表达愤怒的权利，就会让我们无法彻底解决自己的冲突。这在我们的心里留下了定时炸弹，也破坏了我们的人际关系。

如何处理暴力？

绝不能姑息任何暴力行为，没有任何借口能为暴力行为开脱。无论在哪种情况下，原谅为达到自己的目的而对我们使用暴力行为或虐待我们的配偶、孩子的母亲、同事或陌生人，都是不健康的。只要容许一次暴力行为，就转动了暴力的齿轮；经常性地忍受暴力行为，就是不断地给这个齿轮上油，会让我们的生活变成地狱。

当然有一些例外情况：如果我们没有足够的力量，公开对抗暴力就有可能让我们有生命危险。但即使在这些情况下，尽量避免暴力也很重要，因为这关系到我们的心理健康。在最绝望的情况下，我们可能只剩下内心的反抗，正如布鲁诺·贝特尔海姆（Bruno Bettelheim）所提到的面对纳粹集中营中的暴力那样[19]。

具体该怎样做？首先，分辨这是我们对对方情绪强烈程度的反应，还是对方真的实施了暴力行为。如有必要，我们需要对自己的人际关系进行反省，这样能够更好地理解情况。

然后，立即对暴力行为做出明确的反应：第一步，制止对方的暴力行为；第二步，谴责这个行为，清楚且坚定地说出什么是我们不能接受的。

我无意中撞见妻子在羞辱孩子，我不顾她的情面，立即打断了她，并告诉她我想立刻私下跟她谈谈。我向她说明我看到了她正在做的事，告诉她我不认同她的做法，建议她稍微想一想：为什么她必须使用如此不公的手段？她可能并不想谈，但我会坚持让她反省自己的行为，并强调这非常重要。如果她自己做不到，我会建议她寻求心理咨

19　Bruno BETTELHEIM. *Le cœur conscient, op. cit.*

询师的帮助。在这个问题上，我会坚决地保护孩子。我会一直这样做，直到我确认妻子在教育孩子时不再使用这种方式。

一位同事习惯于在办公室里责骂其他人，有一次，他像责骂其他人那样侮辱了我[20]。我打断了他，用尽可能高的音量、尽可能强烈的语气让他听见我所说的话。我告诉他，我可以听他谈论自己，但不是谈论我！侮辱别人对他的事业没有任何帮助，我有兴趣知道的是具体是什么让他困扰以及他被困扰的程度。如果是我的问题，我会负责处理。但我说得非常清楚，是他的态度，而不是他感受到的不满让人无法容忍、不能接受。如果他对其他同事表现出暴力，即使这些同事没有反应，我也会出来干预。我会用同样的信念、坚定的态度去干预，就像是我自己被侮辱一样。我这样做有可能会成为他的敌人，但至少我会受到尊重。况且，对于这样的人，我真的有必要跟他保持良好的关系吗？听之任之对于建立自尊从来都没有好处！

---

20 Marie-France HIRIGOYEN. *Le Harcèlement moral: la violence perverse au quotidien*. Paris, éditions La Découverte et Syros, 1998.

结论

与大部分人的看法不同，被情绪引导不是件危险的事。事实正相反，依靠情绪，反而可以保证我们做出对自己最有利的选择。但是，只有在我们尊重情绪过程的每个阶段的前提下，情绪才是一个好向导。否则，它们无法很好地指导我们。

如果我们容许情绪过程自然地进行下去，"理性和感性是对立的"这样的观点将不攻自破。由于情绪体验的发展，情绪过程本身就结合了我们人的各个层面：身体、智力（或精神）、道德和情感。这样，我们经历过的情绪会形成我们人格的不同维度，而且始终是"最新版本"。每一个新的体验都会被整合进去，营造我们的内心，让我们找到和谐的状态。

参考书目

BACH, George. *L'agressivité créatrice.* Montréal, Le Jour, éditeur, 1989.

BRANDEN, Nathaniel. «The Seven Pillars of Self-Esteem», *The Six Pillars Of Self-Esteem,* New York, Bantam Book, 1994.

D'ANSEMBOURG, Thomas. *Cessez d'être gentils, soyez vrais,* Montréal, Les éditions de l'Homme, 2001.

GARNEAU, Jean (éd.), *La lettre du psy,* http://redpsy.com/letpsy/ index. html, 1979.

GARNEAU, Jean, LARIVEY, Michelle. *L'Auto-développement: psychothérapie dans la vie quotidienne,* Montréal, Red éditeur, 1979.

GARNEAU, Jean, LARIVEY, Michelle. *Savoir ressentir* (programme d'auto-développement), Montréal, Red éditeur, 1994, 2001.

GARNEAU, Jean, LARIVEY, Michelle. *L'art d'être expressif* (programme d'auto-développement), Montréal, Red éditeur, 2002.

GARNEAU, Jean, LARIVEY, Michelle et LA PLANTE, Gaëtane. *Les Émotions source de vie,* coll. La lettre du psy, Montréal, Red éditeur, 2000.

GENDLIN, Eugene T. *Focusing: au centre de soi,* Montréal, Le Jour éditeur, 1984.

HIRIGOYEN, Marie-France. *Le Harcèlement moral,* Paris, éditions La Découverte et Syros, 1998.

ST-ARNAUD, Yves. *J'aime: essai sur l'expérience d'aimer,* Montréal, Les éditions du Jour 1970, 1978.

ST-ARNAUD, Yves. *S'actualiser par des choix éclairés et une action efficace,* Boucherville, Gaëtan Morin éditeur, 1996.

其他出版物

Programme d'auto-développement *Savoir Ressentir*, par Jean Garneau et Michelle Larivey

Red éditeur (1994, 2001) ISBN 2-921693-27-5

这是一个重建内心平衡的工具，包含 25 本小册子和 4 张 CD，帮助我们提高认识和使用情绪的能力。

Programme d'auto-développement L'art d'être expressif, par Jean Garneau et Michelle Larivey

这是一个帮助我们自我调整、获得幸福的工具。

2002 年的网页版：http://redpsy.com/editions/exo.html

L' Auto-développement: psychothérapie dans la vie quotidienne, par Jean Garneau et Michelle Larivey

Red éditeur (1979) ISBN 2-921693-56-9

介绍心理治疗中的"自我发展"疗法，包括有关移情、情绪过程和生存否认的内容。

Les Émotions source de vie, par Jean Garneau, Michelle Larivey et Gaëtane La Plante Red éditeur (2000) ISBN 2-921693-55-0

情绪的角色，包括情绪在工作中的角色。情绪过程，情绪的表达，还有自信，忠于自己。

L'enfer de la fuite, par Jean Garneau, Michelle Larivey et Gaëtane La Plante

Red éditeur (2002) ISBN 2-921693-57-7

情绪逃避引起的各种问题及其解决方案。

Ravage et... délivrance, poèmes humanistes, par Michelle Larivey, préface de Jacques Salomé

Red éditeur (2000) ISBN 2-921693-54-2

关于人类不同情绪经历的诗集。

La lettre du Psy (1997...), Jean Garneau, psychologue, éditeur (mensuel gratuit).

"发展资源"网站上的电子报刊，其中有很多关于各种心理问题的文章。

http://redpsy.com/letpsy.html

致谢

感谢让－玛丽·奥夫里（Jean-Marie Aubry），她的超凡魅力吸引了人类出版社对这份手稿的关注。她是一位有见识的读者，对我的帮助很大。

感谢《心理学家的信》的主编让·加尔诺，感谢他提出宝贵的意见，并允许我通过他的电子期刊完成了这本书的框架。

我也很感谢《心理学家的信》的读者和广大网友，他们给我留言，告诉我这本书给他们带来的帮助。他们的反馈坚定了我在这条路上继续坚持下去的决心。

最后，我要感谢在健康预防领域工作的医生培训师伊夫·科莫（Yves Comeau），他对书中关于生理现象的解释进行了修改，给予我很多建议。

图书在版编目（CIP）数据

情绪的 81 张面孔 /（法）米歇尔·拉里韦
（Michelle Larivey）著；郑园园译；-- 上海：上海三
联书店，2023.3
ISBN 978-7-5426-7984-0

I. ①情… II. ①米… ②郑… III. ①情绪—通俗读
物 IV. ① B842.6-49

中国版本图书馆 CIP 数据核字（2022）第 239595 号

Published originally under the title: La puissance des émotions
©2002, Éditions de L'Homme, division du Groupe Sogides inc. (Montreal,
Québec,Canada)
Edition arranged through Dakai L'agence
著作权合同登记 图字：09-2022-0758

情绪的 81 张面孔

著 者	［法］米歇尔·拉里韦
译 者	郑园园
总 策 划	李 娟
执行策划	王思杰
责任编辑	杜 鹃
营销编辑	都有容
装帧设计	潘振宇
监 制	姚 军
责任校对	王凌霄

出版发行 上海三联书店
（200030）中国上海市漕溪北路331号A座6楼
邮 箱 sdxsanlian@sina.com
邮购电话 021-22895540
印 刷 北京盛通印刷股份有限公司

版 次 2023年3月第1版
印 次 2023年3月第1次印刷
开 本 787mm×1092mm 1/32
字 数 181千字
印 张 10.75
书 号 ISBN 978-7-5426-7984-0/B·815
定 价 59.00元

敬启读者，如发现本书有印装质量问题，请与印刷厂联系15901363985

人啊，认识你自己!